不完美的自己
我的人生我做主

梦 婷 编著

煤炭工业出版社
·北京·

图书在版编目（CIP）数据

不完美的自己，我的人生我做主/梦婷编著．--北京：煤炭工业出版社，2018
ISBN 978-7-5020-6964-3

Ⅰ.①不… Ⅱ.①梦… Ⅲ.①成功心理—通俗读物 Ⅳ.①B848.4-49

中国版本图书馆CIP数据核字（2018）第245169号

不完美的自己　我的人生我做主

编　　著	梦　婷
责任编辑	马明仁
编　　辑	郭浩亮
封面设计	荣景苑

出版发行	煤炭工业出版社（北京市朝阳区芍药居35号　100029）
电　　话	010-84657898（总编室）　010-84657880（读者服务部）
网　　址	www.cciph.com.cn
印　　刷	永清县晔盛亚胶印有限公司
经　　销	全国新华书店
开　　本	880mm×1230mm $^1/_{32}$　印张　$7^1/_2$　字数　200千字
版　　次	2019年1月第1版　2019年1月第1次印刷
社内编号	9844　　　　定价　38.80元

版权所有　违者必究

本书如有缺页、倒页、脱页等质量问题，本社负责调换，电话:010-84657880

前　言

　　一个敢于站在历史和时代潮流头上的人，他永远立于不败之地，他们成功的秘诀无非就是从不低估自己。如果你认为此事办不成，那么工作起来时本来能办得到的事，结果也就办不成。相反，本来没有指望的事，如果你认为一定能办成，那么事情就有可能办成。这就是自己另一面所产生能量的结果。

　　在生活中，有时我们要展现出自己的另一面，只有这样，当

受到别人羞辱的时候，我们才能放手一搏。而很多事情往往就在这放手一搏后，取得了成功。尤其是在竞争如此激烈的社会，只有敢于拼搏才会取得成功，才会实现所追求的目标。

目 录

|第一章|

超越自己

超越自己 / 3
面对真实的自己 / 6
认识自己 / 11
找到自己的目标 / 20
端正你的价值观 / 24
认识自己 / 27
表现自己 / 34
提升自己的价值 / 39

|第二章|

没有什么不行

相信自己 / 45

学习他人的长处 / 49

学会自省 / 55

保持一颗纯净的心 / 62

让自己忙起来 / 65

没什么不可能 / 73

你认为你行，你就行 / 77

目 录

|第三章|

做最好的自己

成功源于自我分析 / 83

看到自身的优势与劣势 / 88

做好自己 / 92

永不放弃 / 99

不被未来所累 / 104

坚持下去,总会成功 / 110

不要犹豫 / 116

做真正的自己,不盲从 / 121

|第四章|

发挥自身潜能

发挥自身的能量 / 131

发挥自身巨大的潜能 / 135

挖掘生命的潜能 / 140

善用你的潜能 / 149

放下心中的恐惧 / 154

信念激发潜能 / 158

年龄与潜能没有直接的联系 / 163

不要在意他人的评说 / 167

超越缺陷就能发挥潜能 / 169

目 录

|第五章|

天生我材必有用

出身不分好坏 / 177

缺陷也是一种美 / 184

天生我材必有用 / 192

拥抱不幸 / 200

放下心中的自卑 / 205

放下你的犹豫不决 / 210

做百折不挠的灰太狼 / 225

第一章

超越自己

第一章　超越自己

超越自己

不管你的准备如何充分，有一件事我敢打包票：在人生的长河中，磕磕碰碰总是难免的，但这未必是坏事。当你在人生之路上兜兜转转时，不要被失败击溃，要知道人生最后只认"结果"，不认"失败"。

如果你还未达成所愿，那么就吸取教训，以便做出更好的决定。

1855年，约翰·戴维森·洛克菲勒忙着四处寻找工作的机会。三个星期后，克利夫兰一家商行雇用了他。

三年之后，洛克菲勒的年薪增长到了600美元。"难道这样干才值600美元？我应得到的要远比这个数目多……"他每天都在暗自思忖，他不甘被人剥削和埋没，他要求商行老板加薪200美元。遭商行老板拒绝后，洛克菲勒便辞去了这份当时在很多青年人看来优厚的美差。

我要自己办公司，当老板。小约翰终于用行动实现了自己的诺言。他结识了一位比他大12岁的英国移民莫里斯·克拉克先生。克拉克对这位年轻人很信赖，把自己在商行做事的许多生财之道的诀窍传授给了洛克菲勒。他们两个人合伙办起了一家公司。

确实，我们每一个人都像洛克菲勒一样想超越自己的过去，胜过我们的现在，以达到成功的明天。所以，我们现在才会苦苦地思索着如何改变自我，如何克服个人所存在的危机，从而达到超越自我的最终目的。

当我们从消极走向了积极，从被动走向主动时，我们不再羞怯，不再遮掩，也不再隐忍，而是将心中的兴奋与激动化为汗水，洒在成功的路上。

当我们终于踏上成功巅峰的时候，我们会惊叹自己有如此之大的能力，有如此之深的潜能，而以前只不过是一种梦想罢了。

事实上，这就是超越。

我们每个人，作为社会的个体，都会有一种超越的意识。超越自己的对手，在竞争中取胜，是一种内心的意识。同时，此种意识又化作一种行动，千方百计地想要使自己高别人一筹。这

时，超越也是一种结果，是经过努力之后确实超过了他人。

我们参与竞争，实现超越，其动力因素是多种多样的：有的是为了有一个好的工作，有的是为了博得名声，有的是为了有更好的物质享受……

一个足球明星和一位总统，他们的工作是不一样的，所渴望达到的成就也不一样。但是论其实质，都是渴求展示自己生存的意义，充分地实现自身的价值，从而达到超越的境界。

超越是自我的否定，同时也是对自我的重塑。因此，任何人若想要取得成功就必须首先战胜自己，改变自己，要重新塑造一个全新的自我。

"不想当元帅的士兵不是好士兵"，我们每个人都有"当元帅"的能力，只是看你能否有一种必胜的信念，能否用实际行动来实现对自我的超越。

面对真实的自己

一个人要面对真实的自己,就必须学会将心中的锁链扔掉,因为锁链会在束缚我们行动的同时,也束缚我们的意识。这样,就会在无形之中遮盖我们对自己潜能的认识,压抑潜意识所能发挥的积极作用。事实上,我们每个人都有成为天使的可能,也有成为魔鬼的可能,如果不能面对真实的自我,不能很好地发挥潜能,就会浪费自己的才华。

潜意识像一块磁铁,当它被赋予功用,在与任何明确目标发生联系之后,它就会吸引住达成这项目标所必备的条件,创造出很大的价值。

1982年,当改革的春风席卷中国神州大地时,杨家辉还是一名军人,在服兵役期间,杨家辉就感受到了现在他所处的年代已经不再是驰骋疆场的时代了,而是一个在商海搏击的时代。由于他认识到了这一点,每当他一有时间,他就开始进行

第一章　超越自己

皮革产品的研究。杨家辉的这一爱好，他做梦都没有想到这却是改变他一生的起点。

1986年，杨家辉退伍了。不久，他就与赵佳结婚了，过上了两人世界的幸福生活。在一天晚上，赵佳的一位朋友到他们家做客。茶余饭后，大家都非常兴奋，于是谈了许多的事情，其中也涉及了生活中的个人用品。当他们聊到穿着时，朋友的妻子得意地向他们展示了新买的手提包说："这是我花100元人民币在秀水街买的。"杨家辉听完后，就顺手把那只手提包拿了过来，翻来覆去地看了几遍后对她说："你买得太不值了，像这种皮包我也能做，而且成本只在12元左右，如果把它拿到市场上去卖，最多也就值20元。如果你不信，我今天晚上就可以给你做，而且与你现在的这个皮包一模一样。"

当天晚上，在朋友走了之后，杨家辉为了证明自己不是吹牛，马上出去购买了一套工具和制包材料。一回到家，便立刻开始剪裁、缝制，经过两三个小时的劳作，他的皮包做完了。而且他制作的皮包手工精制，就连其妻赵佳看着都爱不释手。

杨家辉看到妻子高兴，自己也很高兴。在高兴之余，他脑

中突然灵光一闪，想到既然自己具备皮革加工的技术，又有推销经验，赵佳在演艺界又有许多熟人，自己何不朝皮革制造业发展呢？

于是他把自己的想法告诉妻子赵佳，赵佳也觉得这个想法非常好，于是二人就开始付诸行动，一个创业旅程开始了。

刚开始时，他们在自己居住的小区里租了一个地下车库作为他们的生产车间。尽管当时是夏天，车库非常闷热，但他们也好像没有感觉到。在工作分配上，由于赵佳生活追求时尚，所以皮包的样式由赵佳来设计，杨家辉则负责制作，二人都沉浸在创业的兴奋之中。

但他们在兴奋之余，都感觉到还有一个最大的问题还未解决，那就是该如何把产品销售出去，拿到订单？若无订单，再好的生意也会变成泡影。

当他们认识到这一点之后，杨家辉又把自己的时间重新做了分配。他白天将样品夹在腋下，不辞劳苦地在北京的各个批发市场进行推销，但由于他们年轻，名气又不大，更重要的是还没有生产许可证，所以他们不断地遭受拒绝。晚上，他则加班加点地

第一章 超越自己

忙于制作皮包。在白天的推销过程中，杨家辉遭受了拒绝，但他并不气馁，他一边着手办理各种有利于推销的证件，一边不断替自己打气，鼓励自己寻找机会。终于，他遇见了北京著名的服装大王"皮杰"的供应商，这位供应商一看到杨家辉带来的样品就十分喜欢，他表示杨家辉能做多少，他就购买多少。

从此以后，杨家辉那闷热的地下车库里，每晚都是灯火通明。他们夫妻俩为了应付订单，夜以继日地工作着，皮革与工具散得满地都是，他们的几个孩子也开始不回家睡觉，整日整夜地陪伴着他们。此时，他们的地下车库已经变成了家。在创业的日子里，虽然日子过得十分辛苦，夫妇俩不仅要照顾孩子，还要维持公司的生产，异常劳累，但他们还是感到非常幸福。

直到现在，尽管他们已经有了豪华的办公大楼，但他们还是花巨资购买下了创业时的地下车库。杨家辉说："每当我在遭受打击时，我都会回到这里，只要我一站在这里，一股无形的力量就会涌遍全身，我就会鼓足勇气去面对更大的挑战。在我看来，哪怕是最难的挑战，也没有在地下车库创业的日子难。"

时间飞快地流逝，在地下车库里，杨家辉和妻子赵佳一住

就是六七个月,他们的业务也以跳跃式的方式发展。不久,他们的业务就遍及全国各地了。之后,杨家辉租下了车库旁边的一层楼作为办公地点,开始招兵买马。而他和妻子二人则继续留在地下车库里努力工作。后来,赵佳又设计出一种小孩用的沙袋型手提袋,她的创意被送到一家杂志编辑部。其中一位编辑对她的创意非常感兴趣,并且还以此为主题写了一篇专题报道,也附带介绍了一下杨家辉和赵佳的奋斗史。就是因为这篇文章,他们一夜之间声名大噪,产品在极短的时间内便卖出了1000万个。

由于产品畅销,杨家辉与赵佳的财富不断地成直线上升,5年之后,他们就成了事业有成的名人,而此时,他们只有35岁。

就这样,杨家辉凭借着在服役期间所获得的创意,在退伍之后把这个创意付诸行动,成就了他一生的梦想。

第一章　超越自己

认识自己

在希腊帕尔纳索斯山的戴尔波伊神托所的石柱上刻着两个词，翻译成汉语就是"认识你自己"。这句话当时是家喻户晓的一句民间格言，是希腊人民的智慧结晶，由于这样的一句话成就了许多伟大的人物，所以他们把这句话刻在了石柱上。由此我们可以看出，认识自己对于前人或者当今的我们来说都有着同样的重要意义，它时刻提醒着我们把握自我、实现自我。

"认识自己"对于任何人来说都是很重要的，它不仅是一种对自我的认识或者自我意识的能力，还是一种可贵的心理品质。自我认识或自我意识，从字面来看，我们可以理解为对周围事物的关系以及对自己行为各方面的意识或认识，它包括自我观察、自我评价、自我体验、自我控制等形式。

从现实生活当中，我们可以清楚地认识到一个人如何看待自己是与自身的自信心强弱有关的，自信心强的人能较好地

看到自己的潜力，而自卑的人则会对自己有所贬低。我个人就有过这样的感觉，当我感觉我某天、某时心情不好的时候，那么，就觉得自己处处不如别人。但是，当我换另一种心态来证实我是最棒的，那么我的心情就会非常好了。很多时候，如果觉得自己是个乐观向上的人，就会表现得乐观向上；如果认为自己是个内向而迟钝的人，那很可能就会表现得内向迟钝。这些现象告诉我们的是，只要我们充分地相信自己，那么一切都可以改变。

　　认识自己，看清自己的优点与缺点，不要过高吹捧自己，当你把自己的能力过于高估时，很容易遭受挫折。我的朋友对我说过一段话："当你一切都顺利、平步青云时，你更应该时常警戒自己保持头脑清醒，因为那是一个人最容易滋生骄傲情绪，走向极端的时候，所以，成功时不能目中无人，目空一切。"

　　当我们成功时，要像刚起步时那样看待工作，看待生活，要一如既往地勤奋忠实。不要在取得一点儿成绩以后就认不清自己，把自己和原来的"我"分开，高高在上。同时也把自己和朋友、亲人分开，使自己游离于社会之外。如果你不慎掉入了那种骄傲的状态时，那你已经远离世界、远离亲人了。在很多人的眼中，你已经与社会格格不入，甚至是一个另类了。

第一章 超越自己

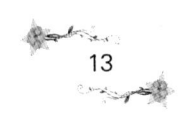

我的朋友张诚是一个很好的例子，他没成功之前，我们时常聚在一起。但他成功之后，很快就变了，和朋友的距离越来越远，而且骄傲的情绪慢慢地聚在了他的身上，好景不长，一年多后，他失败了。但是，一段时间后，他清楚地认识了自己，所以现在他已经再一次站了起来，但是那些骄傲的情绪和不良的心态已经远离他了，他找回了自我。

有许多成功的企业家之所以先成功后失败，就是因为没能很好地认识自己，没能把现在的自己和原来的自己联系起来。这种现象是很容易出现的，当你成功的时候你周围的人对你的吹捧会使你骄傲自大，但是那些经受过挫折和明智的人永远是以自己心中的自我为基准，绝不在乎别人的吹捧，所以他们能长久地发展下去。

认识自己，不管是在逆境中，还是顺境中都很重要。现实生活中，我们不管是在怎样的环境里都一样会迷茫，无论是逆境中，还是顺境中没有任何区别。当我们面对困难和挫折时，大部分人能够认识到自身的能力和优势，正是这样，所以他们能分析清楚失败的原因，再经过认真的思考，最后坚定信心，就地爬起，再创辉煌。另外一部分人，他们面对挫折和困难时，由于没有清楚地认识自己，所以总是怀疑自己，认为自己

没有能力，最终等待他们的将是失败。

那么，我们怎样才能真正地认识自己呢？事实上，认识自己可以通过两个方面来实现。

首先，我们要对自身有一个基本的认识。自己的性格是内向，还是外向？在交际方面自己是否有一定的能力？对待工作方面自己是否踏实、耐心和毅力并存？在工作中，自己的创新能力强不强？甚至有必要对自己的星座、血型都有一个基本的认识，然后再对这些做一个全新的定位，同时再选择一个比较能发挥自己优势的工作。

其次是通过别人来认识自己。通过别人来认识自己是一种重要的途径，因为通过与别人聊天，能更好地展现出一个人究竟有何种性格、何种能力等各方面的特征。一些心理学家曾经提出这样的一个理论，说通过在镜片中观察自己行为的反应而形成自我认识、自我评价。这种理论被他们称为"镜中之我理论"。

正确地认识自己并不是一件很容易的事情。人们往往为了认清自己付出许多的努力和艰辛，但是，这些努力和艰辛都是值得的。我们为了比较客观地认识自己，还需要把别人对自身的评价与自己对自己的评价进行对比，在实际生活中反复衡量。

第一章 超越自己

如果不能清楚地认识自己,对自己的能力性格作出一个合理的定位,我们就很容易造成一些损失或走向失败。每个人对自己要有一个基本的认识,这是必需的。只有对自己有了一定的认识,我们才能比较客观地看待自己的能力、性格。

一个人只有正确地认识自己,才能充满自信,才能使人生的航船不迷失方向。一个人只有正确地认识自己,才能正确地确定一生的奋斗目标。有了正确的人生目标,并充满自信地为之终生奋斗,你就会成功。即使不成功,自己也无怨无悔。

那么,如何找到自己的人生定位呢?对于这个答案,人们已经寻找了很久。在我们的奋斗过程中,可能会与某些成功人士产生一种攀比心理,如果这种攀比心理成为虚荣心,我们就会不快乐,贬低自己,让自己永远生活在人生的黑暗之中。

人生中的许多烦恼都源于我们盲目地和别人攀比,而忘了享受自己的生活,忘了找到自己的定位。

小时候,我们的定位多半都会受到父母的影响,因为我们希望认同自己的父母,把父母视为心中的楷模,而父母也常根据孩子能否接受他们的价值观来奖励或惩罚他们。

等到上学时,情况便有些不一样了,我们的定位会随着所受的教育而发生改变,但这时的定位只是限于做一个好学生的

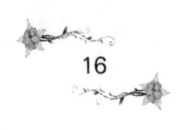

圈子。

在离开学校进入社会时，我们的定位就会随着环境的改变而不断地进行调整，有些事对我们变得比较重要，有些则无足轻重。某些人对我们的重要性超过普通人，有些人成为我们效仿的楷模。我们越认同他们，接受他们的某些价值观，也就会拒绝另外一些价值观。

正是因为我们有了这么多的攀比和不同的人生定位，我们才会感到找不到方向，我们才会怨叹人生的无奈。但是，只要我们找到了人生的方向，我们就会发现，许多时候，我们感到不满足和失落，仅仅是因为觉得别人比我们幸运！如果我们安心享受自己的生活，不和别人攀比，生活中就会减少许多无谓的烦恼。

所以，只要我们有了一个正确的定位，就会发现自身还是充满力量的。正是因为我们身边缺少了欢笑，缺少了自律，所以我们才没有成功；如果我们身边再多一些欢笑，多一些激励，我们就会走向成功。

然而，当我们发现自己身陷一个前景暗淡的处境时，我们往往就会迷失方向，就会手足无措，不愿意更加努力，用更长的时间、更多的精力来改变不利的处境，让时间白白地消失掉。

第一章 超越自己

成功的人士会认为,一个人的成功秘诀,就是一刻不停地拼命工作,把工作做得比别人更好,名望和财富自然就会来到你的身边。

但对于我们平常人来说,这并不是真正的成功秘诀。我们只有知道自己最喜欢什么和最擅长什么,才能对自己有一个合理的定位,才能做出合理的选择。如果我们选择了一条不适合自己的道路,走上了一个自己不适合的岗位,那么我们就不可能走向成功之路。

汽车大王福特自幼在农场帮父亲干活儿,12岁时,他就在头脑中构想用能够在路上行走的机器代替牲口和人力,而父亲和周围的人都要他到农场做助手。若他真的听从了父辈的安排,世间便少了一位伟大的企业家,但福特坚信自己可以成为一名机械师。于是他用一年的时间完成了其他人需要三年时间才能学完的机械师训练,随后又花了两年多时间研究蒸汽原理,试图实现他的目标,但却未获成功。后来他又投入到汽油机研究上来,每天都梦想制造一部汽车。他的创意被大发明家爱迪生所赏识,邀请他到底特律公司担任工程师。

经过10年努力,在福特29岁时,他成功地制造了第一部汽

车引擎。

所以，一个人的成功在某种程度上取决于自己对自己的正确定位。你在心目中把自己定位成什么样的人，你就是什么样的人。如果我们不清楚自己该做些什么，那么再多的努力都是白费。找到属于自己的路，清楚自己应该做什么，才是最好的定位。

反之，就算给自己定位了，如果定位不切实际，或者没有一种健康的心态，也不会取得成功。

一位经常跳槽、最后一无所成的博士这样感叹："如果能以对待孩子的耐心来对待工作，以对待婚姻的慎重来选择去留，事业也许会是另外一番景象。"世界上没有全能的奇才，我们充其量只能在一两个方面取得成功。在这个物竞天择的年代，只有凝聚全身的能量，朝着最适合自己的方向，专注地投入，才能成就一个卓越的自己。

人生就是这样，我们只有对自己有一个正确的定位，才能成为自己生命的主人，只有我们自己才能使自己成为梦想中的人，得到生活中想要的东西。就像一位成功人士所说：假如我们认为自己不敢去做，就真的不敢去做；假如我们认为自己不可能赢，即使还有希望，也不可能赢；假如我们认为自己是

杰出的，就真的会杰出。想象渺小，就会落后；想象辉煌，就会变得伟大。只有我们想成为一个怎样的人，才会成为怎样的人。

找到自己的目标

我们曾有过很多梦想,有过很多目标。小时候,如果有人问我长大想做什么,我会告诉他10个以上的答案。别笑,你小时候肯定也是这个样子的。

那时,我们的目标只是感性的,很朦胧、很模糊,并不确切和具体。而随着年龄的增长,你会发现我们小时曾经的梦想却几乎很少有实现的。于是便哀叹,现实就是现实,它是很残酷的。

现实生活往往与我们想象中的不同,它不像我们想象中的那样浪漫,它是柴米油盐酱醋茶那样的单调。首先,你必须认清这一点。

然而,还有什么原因让我们会感到无所适从呢?

第一,目标不够明确。目标过多,就会胡子眉毛一把抓,分不清主次。为了把握自己的人生,先要明确你的目标,找到

第一章　超越自己

自己努力的方向。一个人的精力有限，不可能将所有的事都处理得很完善，这就要求我们一定要抓住重点，集中用力。你只有明白自己想要什么，你才能得到什么。

有三个人因为犯罪被关进了监狱，服刑三年。监狱长在入狱那天告诉他们，会满足他们每个人一个要求。美国人爱抽烟，于是要了三箱香烟；法国人生性浪漫，于是要了一个美丽的女子陪他度过无聊的监狱生活；而犹太人呢，他只要了一部电话以便与外界沟通。

三年后，第一个冲出来的是美国人，嘴里鼻孔里塞满了雪茄烟，大喊道："给我火，给我火！"原来他忘了要火。

接着出来的是法国人。只见他手里抱着一个小孩子，美丽的妻子手里牵着一个孩子，肚子里还怀着第三个孩子。

最后出来的是犹太人，他紧紧握住监狱长的手说："这三年来我每天都与外界联系，生意不但没有停顿，反而增加了好多。为了表示感谢，我要送你一部汽车。"

这个故事告诉我们，今天的生活，是你昨天的选择。所以你必须明确自己到底想要什么。

第二，没能制定出适合自己的目标。

首先，要认清自己，因为你只有清楚地认清自己，才能制定出适合自己的目标。目标定得太高，超过了自己的能力，就难以实现，以致挫伤我们的积极性；而目标太低，又难以激发出我们内心的潜能。

在一个以适宜垂钓著称的海边，几个人在岸边垂钓，旁边几名游客在欣赏海景的同时，好奇地看着垂钓的人。他们发现一名垂钓者的技艺非常高，他很轻易地就钓到了一条大鱼，足有三尺长。可是这个人却小心地把大鱼从鱼钩上摘下来，并顺手丢进了海里。

周围围观的人发出一阵惊呼，这么大的鱼还不能令他满意，可见垂钓者雄心之大。大伙的兴趣被勾了上来，想看一下他究竟能钓上多大的鱼来。这时钓者的鱼竿又是一扬，钓起一条两尺来长的鱼，他又把鱼丢进了海里。钓者的鱼钩第三次扬了起来，这次是条一尺长的小鱼，大家看到后以为这条鱼也会被丢下海的，可没想到他居然小心地将鱼解下，放进自己的鱼篓中。旁边的人开始议论纷纷，不明白他为什么舍大而求小。钓者解释说："我家里的盘子只有一尺长，但是家里人喜欢吃整鱼，太大的鱼钓回去也吃不了，不如放了它。"

垂钓者告诉我们一个道理：你和别人是不同的，所以你的目标要适合；别人的目标再好，但那只是别人的。我们要学会钓者的智慧。

第三，没能抓住眼前的利益。

从前，一位老渔夫整日以打鱼为生。有一天，他运气不佳，忙活了一天，只网到了一条小鱼。这条小鱼劝他另做决定："渔夫，你放了我吧，看我这么小，也不值钱，你要是把我放回海里，等我长成一条大鱼，到那时你再来捉我，不是更划算吗？"渔夫说："小鱼，你讲得有道理，但是我如果用眼前的小利去换不确切的所谓大利，那我就太愚蠢了。"

渔夫的回答和想法是正确的。要知道，大海可不是渔夫自家的鱼塘，想捞什么就捞什么，所以切切实实地珍惜每一分收获是很重要的。眼前的利益再小，它毕竟在你手中，是实实在在的。现在是未来的基础，只有把握住现在，才有可能掌握未来；否则，失去现在，就别指望未来。

人生没有目标，就像一艘没有航行路线的航船一样，不管你航行了多久始终无法到达彼岸。所以有一个明确的目标才能让你清楚地看到未来，使自己不再无所适从。

端正你的价值观

价值观是每个人判断是非善恶的信念体系，它不但引导我们追寻自己的理想，还决定一个人生活中大大小小的选择。在这个意义上，我们的任何行为，都是自身价值观的流露。

尽管我们每个人都要受到价值观的影响，但不同的头脑中的价值观却可能大相径庭。而人们各自不同的人生经历、生命感悟乃至生活际遇，无不受到各自价值观的深刻影响。

什么才是我们真正想追求的价值观呢？简单地说，就是那些你比较喜欢、珍惜和认为重要的事情。

价值观并非一成不变，它随着我们的年龄以及生存环境变化而不断调整，我们接受一些价值观，同时也拒绝一些价值观；我们受到周围人的价值观的影响，同时也用自己的价值观影响着其他的人。

大部分的价值观都是中性的，无所谓好坏，但一个人不能

同时选择两种截然不同的价值观。期望权力没什么不好，因为权力是中性的，重要的是你运用权力的方式是建设性的，还是破坏性的。

每个人都有追求自己的价值观的权利，但有时，我们也会为自己的价值观付出代价，特别是当价值观与我们的事业发生冲突的时候。但只要我们真正认同自己的价值观，就不应再受其他价值观的影响。

价值观是我们人生路上的指南针，有什么样的价值观就会有什么样的人生。价值观并非一成不变，他会随着我们的年龄、环境以及其他因素而不断地改变。但是，在我们的人生中，绝对不能有两种截然相反的价值观。

被人誉为全球第一CEO的通用电器前总裁杰克·韦尔奇就特别注重对员工价值观的考核。他在评价员工时，除了看他的绩效有没有达到指标外，还要看他的价值观与公司价值观是否吻合。当绩效达标、价值观与公司相吻合时，公司将毫不犹豫地为他提供奖赏或者晋升的机会；当绩效没有达标、价值观也与公司不吻合时，公司会毫不犹豫地请他离开；当绩效没有达标、但与公司价值观相吻合时，公司会再给他一次机会；而当

绩效达标、但价值观与公司不相吻合时，公司也会毫不留情地请他走人。而且杰克·韦尔奇认为最后那种人是最为危险的，因为他们通常可以毁灭一家公司。事实证明，很多公司就是因为接受了这些能达到绩效指标但品格很差的员工才走向最终毁灭的。

所以，不要小看一个人的价值观，它具有的力量是强大的。两种不同价值观相碰撞所产生的力量足可以毁灭世界。

一个人不能同时骑两匹马，同样一个人也不能持有两种不同的价值观，否则就会使我们迷失方向。所以，一旦选定了自己的价值观，就不要让别人的价值观来影响你。

每个人都有追求价值观的权力，但有的时候我们会为自己的价值观付出代价，这是因为我们让不同的价值观所影响了。改变这种状况的最好办法就是真正地认同自己的价值观。

认识自己

遗传学家的研究成果表明：人的正常、中等的智力由一对基因所决定，另外还有五对次要的修饰基因，它们决定着人的特殊天赋，有降低智力或提高智力的作用。

一般来说，人的这五对次要基因总有一两对是"好"的。也就是说，一般人在某些特定的方面可能有良好的天赋与素质。而这就是我们成功的资本。你要找出自己具有的天赋，将其充分挖掘。

首先，学会认识你自己！

我们聪明的祖先为了看清自己，首先是在平静的水面上发现了自己的倒影，从而使大自然的第一面镜子就此诞生。以后，我们的祖先继续不懈努力，发明了青铜镜、玻璃镜。

可是，我们再怎么努力，这些种类很多的镜子，也只能让我们看到自己的形体，而如果人类只停留在形体上的话，那和

其他动物又有什么区别呢？

亚当·斯密说："一个人类的生物，如果他与其同类没有任何交往，他也可能在某个孤独的地方长大成人，但他不会想到自己的性情，不会想到自己的情操和行为的合宜或过失；他不会想到自己行为的美或丑，如同他不会想到自己容貌的美与丑一样。所有的这一切都是他不能轻易看到的对象，因为他没有将他们显现在他面前的镜子里。一旦他到社会里，他便找到了他所需要的镜子。"

所以，我们接下来要做的事情，就是找到自己的"镜子"，认清自己。

每个人都有自己的优点和长处，你只有清楚地认清这些，才能实现自己的抱负。实际上，每个人都有很多优点和才能，这些优点便是你成功的关键。等你能清晰地看到自己的特长，确信能在什么方面取得贡献，你便开始迈向成功。相反，如果你看不到自己的优点和才能，那你便无法施展自己的才华，成功的大门便向你关闭着。

珍妮·古多尔清楚地知道她并没有过人的才智，但在研究野生动物方面却有超人的毅力和浓厚的兴趣，而这正是干这一行所必需的。于是，她便决定到非洲森林里考察黑猩猩，终于

第一章　超越自己

成了一个有成就的科学家。

为了避免我们的努力徒劳无功，在我们确立自己的目标之前，先要认清自己，多找几面"镜子"来照照自己。只有认清了自己，发现自己的优缺点，才能扬长避短，走向成功！

聪明的人总会做自己最擅长的事情，而许多人却由于没有弄清自己的特长而选择了错误的职业，不但走了许多的弯路，也给自己的身心带来不利。

著名精神病专家威廉·孟宁吉博士，在第二次世界大战期间主持了美军陆军精神病治疗部门，他说："我们在军队中发现了挑选和安排工作的重要性，就是说要让适当的人去做适当的工作……最重要的是，要使人相信他的工作的重要性。当一个人没有兴趣时，他会觉得他被安排在一个错误的职位上，他便觉得他不受欣赏和重视，他会觉得他的才能被埋没了。在这种情况下，我们发现，他若没有患上精神病，也会埋下患精神病的种子。"

著名诗人歌德一开始没能了解自己的长处，害得自己浪费了十多年的光阴，为此他感到非常后悔。

我们若不能找到自己独一无二的本能，不但会浪费掉许多

宝贵的时间，还会浪费上天赐予我们的天赋。

鸟的天赋是飞翔，鱼的天赋是游泳，你的天赋呢？大诗人李白曾说过"天生我材必有用"，在你身上肯定也会有上天赋予你的才能，只要你能发现它，开发它，你必将迎来一个"海阔凭鱼跃，天高任鸟飞"的时代。

天赋是上天赐予我们的最为珍贵的财富，我们应将其充分利用，而不是带进坟墓，做到这一点，你将会拥有一个令人羡慕的人生。

失败者像浮萍，他们到处游移，漫无目的，最终一事无成！

认识自我，是悬在每个追求成功人生之士面前的巨大问号，它关系到你具体的行动方案设计。你无法漠视或者逾越它，你必须做出相应的回答，而作为你回答质量的评价，就是你的发展成就。

不可否认，人类取得了辉煌的成就，他战胜了自然也驾驭了自然，让所有的一切乖乖地为我们服务。但同样不可否认的是，人类也造就了一些可怕的不称职，他大力推行官僚政治，即使是完成一件最简单的工作，也要花费大量的时间和精力。人类的社会结构越复杂，人浮于事、混吃混喝者就越多，并成为社会的负担。

第一章　超越自己

之所以这样，就是因为许多人不知道他们的专长何在，因而也都不能尽到自己的职责。当我们的见闻增加后，我们会发现每个组织也总有许多人无法适应他们的工作。而所有这些，都是因为我们并没有做到真正地了解自己。

"人，认识你自己！"这是刻在古希腊特尔斐神庙中阿波罗神的神谕。

老子也曾说过一句话："自知者明！"

认识自己，然而，我们又有多少人曾经清楚地考虑过这个问题呢？你可能会说，我比任何人都更了解自己。真是这样吗？

你可能有过这样的经历，在市场刚刚买完的衣服，回到家里，却怎么看都不喜欢。当时售货小姐或是自己的朋友一直称赞衣服漂亮所以自己就买了。好像你满足的不是自己，而是别人的喜好。

小时候，我们拼命地学习，为的是能满足父母的要求考上一所好的学校；毕业后，工作了，又希望能找到一份好的工作以便赢得别人羡慕的眼光。从小到大，我们似乎总是生活在别人的影子里，我们好像很少静下心来仔细地思考一下哪个才是真实的自己。

有一个人出门逛街，正走着，发现走在他前面的人突然狂

奔起来。他不知发生了什么事，于是也跟在后面狂奔。狂奔的人排在了一个长长的队伍后面，于是他也赶紧排了过去。他问排在他前面的人："请问先生，前面在干什么？"对方回答："我不知道，你只管排队就是了，反正肯定是好事。"他反复询问了身边好几个人，得到的是同样的回答。就这样队伍越来越长，但是这个人问遍了身边的人，没有人知道大家排队是为了什么。后来因为一个紧急电话，这个人很遗憾地离开了队伍，等他走到队伍的最前面，询问人们为什么排队时，那个人的回答让他大吃一惊："我也不知道为什么排队，我看到大家都往这儿跑，而我又离得比较近所以跑到了最前面，估计后面的人知道排队干吗，你管那么多干吗呀，赶紧占个好位置吧，一定是好事就是了。"这个人莫名其妙地回到了家，却始终搞不清楚那些人究竟为什么在排队，或许，他们真的不知道排队是为了什么。

　　一个人无意中的狂奔，吸引了众多不知所以的跟随者茫然地排成了长队，这个故事听起来似乎挺可笑，但事情若发生在我们身上，可能我们就浑然不觉了。

　　我们有眼睛，所以我们可以看到这个美丽的世界，可以

第一章 超越自己

看到千姿百态的大自然，可以看到形态各异的动物。不管是飞禽走兽，还是奇石怪木，天上地下，每一样都逃不过我们的眼睛；可令我们尴尬的是：我们可以看到自己的手、自己的脚、自己的脸、自己的背，却看不到整体的自己。

造物主在造人时是疏忽了，还是故意跟人类开了一个小小的玩笑？

其实我们真实的自我是有一定的隐蔽性的，这就需要拨开云雾去寻找！只有认清自己，才不至于盲从，才不至于像那些排队的人，忙了半天却不知道自己在干些什么；只有认清自己，才能走出别人的影子，做回真正的自己！

天生我材必有用，必先劳其筋骨，苦其心志。任何事情都不是绝对的，有原因就会有结果。既然上帝造就了你，它就一定会让你发挥出你的优势，如果你不牢记这一点，那么，你只能是失败者当中的一个，成功是不会向你敞开怀抱的。

表现自己

表现自己就是要学会推销自己。现在已不是"酒香不怕巷子深"的年代,你要学会去展示自己。美国钢铁大王卡内基说:"了解推销的技巧,你就能够获得成功,并且名利双收。"

有些人整天埋头苦干,兢兢业业地完成自己的工作,还是得不到提升,而有些人工作并不比别人努力,却总是不断得到晋升,就是因为他们比别人更懂得表现自己。

一户人家养了一只猫和一只狗。狗是勤快的,每天主人家中无人时,它便竖起耳朵,来来回回地巡视着,有一点动静也会狂吠着疾奔过去,就像一名恪尽职守的警察一样,为主人看守着家院。而当主人在家时,它便稍稍放松,有时甚至伏地而睡。而猫呢,每当家中无人时便伏地大睡,哪怕三五成群的老鼠在主人家中肆虐它也毫不理睬。而家中有人时,它便精神抖擞,转来转去。在主人眼里,狗是懒惰的,而猫则是勤快的。

但是由于猫的不尽职守，主人家的耗子越来越多。终于有一天，耗子将主人家里唯一值钱的家当咬坏了，主人震怒了。他召集家人说："你们看看，我们家的猫这样勤快，耗子却猖狂到了这种地步，我认为一个重要原因就是那只懒狗，它整天睡觉也不帮猫捉几只耗子。我郑重宣布，将狗赶出家门，再养一只猫。大家意见如何？"家人纷纷附和。于是，狗一步三回头地离开了家门。自始至终，也不明白自己被赶走的原因。

当然，我们不是提倡大家去学猫的投机取巧，只是，一个人在必要的时候要学会表现自己。千里马常有，而伯乐不常有，如果没有伯乐怎么办？你的才能岂不是被埋没了？并且我们付出了，我们取得了成绩，就应该让老板知道，得到应有的奖赏。谦虚是一种美德，这我们并不否认，但它准确的意思是要你不要骄傲。如果谦虚的代价是要埋没自己，这样的谦虚还是不要也罢。所以你要展示出自己的才华，让老板注意你、记住你。

我们应该怎样来表现自己呢？注意以下几点：

1.在工作中要善于抓住机会

小杨到公司时间不长，却很快成为公司最年轻的主管。

别人一直不知其中原委，最后还是小杨道出了其中的秘密。一次小杨留在公司加班，发现老板也在加班。小杨主动上去打招呼，请老板有事叫他。后来他发现老板经常加班到很晚，所以也总是每次待到很晚。久而久之，老板习惯了他的存在，每次有事总会找他，再加上他的勤奋，自然而然会被老板赏识了！

在工作中，你要抓住每一个表现自己的机会，并创造每一个表现自己的机会。机会是稍纵即逝的，你要善于发现，勇于抓住。

你所做的事只有一件，那就是行动起来！

2.让自己成为不可替代的人

从前有一位预言家，他的预言总是会应验，这让皇帝感到了威胁，于是便想置他于死地。一天晚上，皇帝告诉埋伏在周围的士兵们，一旦他给了暗号，就冲出来杀死预言家。不久，预言家到了。在发出信号前，皇帝决定问他最后一个问题："你声称了解占星术而且清楚别人的命运，那么请你告诉我，你自己的命运如何，你还能活多久？""我会在陛下驾崩前三天去世。"聪明的预言家说。皇帝还会杀死预言家吗？皇帝担心自己也会在预言家死去后去世，结果预言家不但保住了自己

的性命，而且在他的有生之年，皇帝还全力保护他，还聘请高明的宫廷医生来照顾他的健康。最后，预言家甚至比皇帝还多活了好几年。

这就是预言家的聪明之处，他让皇帝相信失去自己可能会给他本人带来灾难。只有让人对你产生一种依赖心理，你的位置才是不可动摇的，才是最高的！你只有成为一个可以独当一面的人，才有存在的价值！

3. 充分利用公司的会议，让上司和其他的同事注意你

公司会议是展示自己的一个绝好的机会，一定要做好准备。要大胆地把你的意见表达出来，积极地与周围的人进行交流和沟通，让自己给别人留下很深的印象，切忌坐在角落里一言不发。

4. 养成及时汇报的习惯

及时地与上司进行沟通，不仅可以更清楚明白地弄清他的意思，得到他的点拨，还可以给他留下负责任、值得信赖的印象，这无疑会为你今后的发展带来极大的好处。

5. 尽量避免承担那些你不能直接控制的工作

如果项目中的主要或是关键人员不是向你汇报，而且你并未得到充分的授权，就不必自告奋勇地站出来。同事间的相互

帮助不是用这种方式表现的,你应该把有限的精力投入到那些能真正给你的事业带来发展机会的工作中去。

聪明的人都具有一种推销自我的意识,他们懂得在任何适当的地方或时间展示自己的长处,让别人更加了解自己。一个人要想尽快地获取成功,首先就要学会表现自己,把自己最好的一面展示出来。

第一章　超越自己

提升自己的价值

如果你想提高自己的价值，就要不断地提升自己，让自己不断地上升到一个更高的层次上去。只在一个层面上发展，你就不可能有太大的出息。有时，并不是因为你不优秀，而是你周围的人并没有欣赏你价值的能力，就像那块石头躺在蔬菜市场里。

电影舞星佛罗姆·艾斯尔1933年到米高梅电影公司首次试镜后，在场导演给他的评价是："毫无演技，前额微秃，略懂跳舞。"

美国职业足球教练文斯·伦巴迪当年曾被人指责："对足球只懂皮毛，缺乏斗志。"

爱迪生小时候反应很慢，老师都认为他没有学习能力。

爱因斯坦4岁才会说话，7岁才会认字，老师给他的评语是："反应迟钝、不合群、满脑袋不切实际的幻想。"他曾遭

到退学的命运，在申请苏黎世技术学院时也被拒绝。

这些天才的人物，当初也曾遭受过这样的嘲讽，我们不禁感叹世间伯乐太少。所以，当你遇到挫折时不要放弃，或许，你所缺少的只是一双发现你的眼睛。

当然，我们并非是让你盲目地自大，自大也是一种自信，但那是一种没有资本的自信，就如同空中的楼阁，只会引来明眼人的鄙弃。

一个人，要有一种大智慧，可以清醒地认识到自己的价值。或许，短时间内他并不会遇到伯乐，但他从来不会将自己抛弃。

成功的人，就像一个勇敢的登山者，不停地从一座山峰攀向另一座山峰，他们眼界越来越宽阔，见到的景色越来越美丽。

艾德蒙·希拉里想要攀登世界最高峰——珠穆朗玛峰，他曾握着拳头指着山峰照片大声说："珠穆朗玛峰！你第一次打败我，但是我将在下一次打败你，因为你不可能再变高了，而我却仍在成长中！"仅仅一年以后，艾德蒙·希拉里就成为第一个成功登上珠穆朗玛峰的人。

所以，只要你不断地提升自己，不抛弃自己，总有一天，你也能登上自己的珠穆朗玛峰！

我们每一个人都有自己的天赋、特质及潜在的能力与成功的力量。这些东西都是我们一生中最大的财富，如何让这些财富发挥作用是每个人都应该考虑清楚的问题，但是在考虑这些问题之前，你首先要认识自己的价值。

第二章

没有什么不行

第二章　没有什么不行

相信自己

　　丘吉尔就是一个因为有了自信,才走向成功的人。

　　丘吉尔7岁开始入校读书,他是学校中最顽皮的,因此经常遭到老师的体罚,后来不得不转学到另一所学校。可是他的学习成绩却一直不好,老师认为他智力迟钝,是一个低能儿,不会有太大的出息,这种情况一直持续到他中学毕业。

　　但丘吉尔却对自己充满信心,他刻苦学习英文,又到印度从军,并利用那段时间阅读各种书籍。经过磨炼,丘吉尔成为一个优秀的成功者,他掌握了4万个英语单词,成为掌握英语单词最多的人。

　　后来,他被任命为英国首相。丘吉尔在就职时发表演讲说道:"我没有别的,只有热血、辛劳、眼泪和汗水贡献给你们……你们问:我们的目的是什么?我可以用一个词来答

复：胜利，不惜一切代价的胜利，无论多么恐怖也要争取胜利，无论道路多么遥远艰难，也要争取胜利，因为没有胜利就无法生存。"

这段演讲词，成为演讲初学者模仿的范文。他带领英国人民同德国法西斯进行了英勇的战斗，结果英国以胜利告终，丘吉尔成为英国人民最爱戴的首相之一。

丘吉尔作为英国最伟大的首相之一，其拥有的自信和毅力不是一般人所能比的。

梦想是可以变成现实的，只要你有足够的自信、足够的努力。

一位58岁的农产品推销员奥维尔·瑞登巴克以不同品种的玉米做实验，设法制造出一种松脆的爆玉米花。他终于培育出理想的品种，可是没有人肯买，因为成本较高。

"我知道只要人们一尝到这种爆玉米花，就一定会买。"他对合伙人说。

"如果你这么有把握，为什么不自己去销售？"合伙人回答道。

第二章　没有什么不行

万一他失败了，他可能会损失很多钱。在他这个年龄，他真想冒这个险吗？他雇用了一家营销公司，为他的爆米花设计名字和形象。不久，奥维尔·瑞登巴克就在全美国各地销售他的"美食家爆玉米花"了。今天，它是全世界最畅销的爆玉米花。这完全是他甘愿冒险的成果，他拿了自己的所有一切去作赌注，换取他想要的东西。

"我想，我之所以干劲十足，主要是因为有人说我不能成功，"已过八旬的瑞登巴克说，"那反而使我决心要证明他们错了。"

大自然赋予我们每个人巨大的潜能，等待我们去发现，去开发。一位有名的作家曾经说过，人人都是天才。所以我们要相信没有什么人是没有天赋的，那些认为自己没有天赋的人只不过是还没有发现自己的潜力。

在成功道路上飞奔的每个人，都有挫折打不败的信心。所以，你要相信自己，你是不惧怕任何困难与挫折的，因为你知道你能够战胜它们。自信自己有能力，你就有能力；相信自己成功，你就会成功。

所以如果你想成功，要相信自己就是一只雄鹰，一只天生

注定要到天空翱翔的雄鹰。那么,你一定能在属于你领域的天空里自由翱翔。

学习他人的长处

这个世界只在乎你是否达到了一定的高度,而不在乎你是踩在巨人的肩膀上去的,还是踩在垃圾堆上去的。上去的速度一定程度取决于学习的对象。正所谓人外人山外山,正因为有比自己强的人的存在,才有进步的动力。所以遇到强者是件幸运的事,意味着未来无限精彩的人生。对于值得自己学习的人和事,竭尽全力,这才是正确的人生态度。某种意义上它的背后隐藏的就是成功。

这个世界是由很多很多的平凡人组成的,而他们都有自己的缺点和陋习,但是他们却能时时刻刻地完善自己,把别人的优点变成自己的长处。这就是他们为什么可以存在的理由。

人总是各有所长,各有所短,只有善于发现他人的优点,才能真正地使其为我所用。很多时候,别人的缺点不是我们要注意的,优点却是要学习的。相反,自己的优点是应该具备

的，缺点却是需要注意改正的。

一天，一只骆驼和一只羊相遇了。

骆驼很高，羊很矮。骆驼说："长得矮不好。"

羊说："不对，长得高才不好呢。"

骆驼说："我可以做一件事情，证明矮不好。"

羊说："我也可以做一件事情，证明高不好。"

它们俩走到一个园子旁边。园子四周有围墙，里面种了很多树，茂盛的枝叶伸出墙外来。骆驼一抬头就吃到了树叶。羊抬起前腿，趴在墙上，脖子伸得老长，还是吃不着。

骆驼说："你看，这可以证明了吧，矮不好。"羊摇了摇头，不肯认输。

它们俩走了几步，看见围墙上有个又窄又矮的门。羊大模大样地走进园子去吃草。骆驼跪下前腿，低下头往门里钻，怎么也钻不进去。

羊说："你看，这可以证明了吧，高不好。"骆驼摇了摇头，也不肯认输。

它们俩找老牛评理，老牛说："高有高的长处，矮有矮的长处；高有高的短处，矮有矮的短处。你们只看到别人的短

处，看不到别人的长处，是不对的。"

正所谓金无足赤，人无完人，谁都会有自己的缺点。相反，"尺有所短，寸有所长"，每个人也都有自己的优点。我们只有善于发现别人的优点，才能好好地利用这些优点为自己服务，认识自己、提升自己、把握自己，使我们能够成为一个在这个世界上最有存在价值的人。那样，自己才会活得更有价值、更有意义。

善于取人之长补己之短的人，是真正聪明的人。总是发现别人的优点，虚心向别人学习，一定会不断进步的。

善于发现别人的优点，就要避免下面几种情况的发生。

首先不以第一印象作为取舍判断的唯一标准。

第一印象，它往往最深刻，而且常会成为一种基本印象而影响对他人各方面的评价。俗话说，先入为主，讲的就是这个道理。通常人们很重视别人给自己的第一印象，但也该看到，第一印象得之于较短时间的接触，又无以往的经验作参照，主观性、片面性较强。所以，一定要注意其消极的一面，既不能因第一印象不好而全盘否定，又要防止被表面的堂皇所迷惑。"金玉其外，败絮其中"，这样的例子也屡见不鲜。所以，万万不能以貌取人，那不仅是对对方不尊重，更体现了自己的

肤浅。要练就一番透过现象看本质的本事，就要在长期的相处中全面正确地认识和了解他人。

其次，不因一时一事评价人。

某人刚犯了一个大错误，于是就说"他本来就不是好人"，这是近因效应在作怪。我们都不是圣贤，即使是圣贤也是可能犯错误的。对于不经常出现的错误，我们应该抱着宽容的心态去看待对方，这样他也会有所感悟。

在较为长期的交往中，最近的印象比最初的印象更占优势，这也是一种心理惯性。由于这种惯性的作用，人们往往会以最近的印象来评价人。事实上，不管情感如何变化、交往的深浅，我们都应该辩证地看待每一个人、每一件事情。

另外，还有所谓"光环效应"，即人的一种优点、优势放大变成了笼罩全身的"光环"，甚至原来的缺点也被掩盖或者蒙上了一层夺目的光彩，这种对他人认知的最大失误就在于以偏概全。俗话说"可爱之人必有可恨之处"，一个人优点过于明显的时候，往往缺点也是显而易见的，这一点在我们的周围都是有据可查的。

"借一斑而窥全豹"并不总是适合于一切人和事，个别和局部并不一定能反映全部和整体。在人的诸多行为或性格特征

中抓住某个好的或不好的,就断定他是好人、坏人,无疑是幼稚的。恰当地、全面地认知他人,就要克服说好全好、说坏全坏的绝对化行为。

再次,切莫先入为主。

第一印象固然是一种先入为主,除此之外,在我们的头脑中,总有一些现在的、得之于各种途径的观念,并常常以此来评价和判断他人,因为这样所耗费的心理能量最少,也就是说,它最省事。但是,图省事往往会造成一些认知偏差。比如,德国人严谨,美国人开放,英国人保守,商人精明世故……这些说法虽与某些人的特征相吻合,但绝不是个个如此,还要"具体问题具体对待"。人有多面,各不相同,不能用同一个概念来衡量所有的人,把人简单化。每个人都有个性的一面。

最后,不以自己的好恶评价人。

每个人都有自己的好恶,如果投你所好,你就全面肯定,不合你的胃口就一棒子打死,让个人好恶蒙蔽了眼睛,你当然很难发现别人真正的优点,基本失去了和这个世界上一半人友好交往的可能。

善于发现别人优点的人,必然心胸广阔,老是看到别人缺

点的人，往往是自己心理阴暗，或者说，是一种嫉妒心理在作怪。也许自己正好在这一方面不如对方。记住，挑剔别人的同时也是在挑剔自己。

世界上没有一无是处的人，正如世界上没有完美无缺的人一样。我们要善于发现别人的优点，学习别人的优点，同时可以正视自己的缺点，努力改正，这样良性循环下去，想不变强都难。

第二章　没有什么不行

学会自省

《学记》中说:"学然后知不足,教然后知困。知不足,然后能自反也;知困,然后能自强也。故曰:教学相长也。"

荀子说:"君子博学而日参省乎已。"

曾子说:"吾日三省吾身:为人谋而不忠乎?与朋友交而不信乎?传不习乎?"

"一日三省,扪心自问",记得在每日结束的时候都总结、反思一下:今天都做了些什么?哪些事情是有价值的?哪些事情是不得已而为之?哪些事情是错误的?以后如何改正,等等。

有句俗话说:"当你一根手指指着别人的时候,别忘了还有四根指头是指着自己。"

所以我们要不断深刻认识自己,战胜自己的潜意识,真正做到"一日三省"。

因为有了反省，才会有行动力！

所以，人们就要不时地学会反思，才能更好地认识自己，更好地了解自己想要做的事！

反思是我们的良师益友，在反思里你会寻找到生活工作的乐趣。在反思中你会寻找到生活工作的优缺。反思会教会我们长大并成熟！世界上真的没有"后悔药"，但是，反思会成为你生活、工作中，自我提高的准则！

反思不仅仅是带给我们对自己所做的事的肯定与否定，也会对你下步想做的事，提出你自己的见解。当我们真的学会了反思自己的时间，就会有着比别人更稳定的生活工作状态。不会被自己没想到的事情而击垮！只会给你带来你一直期待的结果！只有在反思中，我们所有的疑问才会找到适合自己的答案，才会在反思里找到真正属于自己的道路！

聪明的头脑是爱反思的，聪明的人总是不满足于已有的成功，不断地反思自己走过的路，总结经验和教训，从而做到精益求精。

人生是美丽的，更是色彩斑斓的。没有人不希望自己生活得幸福、快乐、富足。也因为这样大多数人都在不断地努力学习、积极的奋斗。

第二章　没有什么不行

人的一生中有成功，也有失败；有快乐，也有失意；正所谓酸、甜、苦、辣；没有人一辈子都在逆境里行驶，也没有人可以永远头戴成功者的花环；生活中的强者是从来不惧怕失败的，因为他们能够迅速从失败的阴影中走出来，并且从中认真地总结、反思；从而获得最后的成功。

在成长过程中会面临不同的问题，且有些问题是不可预见的；刚上幼儿园的儿童不知道如何处理与玩伴的关系，受了欺负就会告诉父母与老师；刚刚迈进校园的学生不知道应该如何应付考试，只是稀里糊涂地答卷；刚刚步入社会的青少年不知道如何处理好各方面的人际关系。总之，随着年龄的增长所要面对的问题越多、越复杂。有的人面对一系列的问题处理得很好，有的人则处理得一团糟，这是为什么？是谁比谁愚笨吗？

回答应该是"NO"。在这个世界上没有绝对的天才，也没有绝对愚蠢的人。之所以有人成功、有人失败，完全在于自己的思维方式。成功的人敢于面对失败，同样在乎失败，这种在乎不是因为失败而一蹶不振、懊悔、哭泣，而是正确地承认失败，认真地总结经验、教训，为再次发起人生的冲刺积蓄实力；而失败者则不是这样，面对失败只知道一味地抱怨、悲伤，甚至有了轻生的念头，他们所想是失败给自己带来的不良

影响，如丢了经济来源，在朋友面前没了面子，会遭到如何的议论，所想的不是失败的本身，换句话说不会去反思自己为什么会失败，和那些成功者区别在哪里。就这样失败者注定被竞争激烈的社会一次次淘汰出局。

当你反思以往的过错，它可以为你指导以后的生活，经过不停地反思，你就会发现自己竟有这么多的过错。圣人之所以会是圣人，就是因为他们善于反思，而且反思后就能真正避免以前的过错；而凡人却只能在不断的反思中苟活，一次次重蹈同样的错误，因此遇到同样的错误会跌了再跌。

每个人都要学会反思，通过反思一切，就会发现自己有好多过错，缺点一大堆，几乎把你的脑袋挤爆。可真正的呢？虽然也意识到如果不解决这些缺点，迟早会对自我的工作、学习、生活、习惯、性格等，产生非常大的负面效应，甚至贻误自己一生。然而，当人们每次痛下决心去改正时，每次却都包容了自己，造成陋习难改。追根究底，说穿了，还是自我的放纵，所以，在很多时候，一部分人虽然有作茧自缚的念头，也努力去尝试，去做过，但每次都因不忍对自己残酷，而以失败告终。

在绝大部分人眼中，"放纵自我"就是放荡不羁的代名

词,自觉挺潇洒,非常不一般的,实际上,是没意识到这其实是自我的约束力差,没有自知之明。从人性的弱点来看,绝大多数人都是个人主义者,自以为了不起,老子天下第一,总认为自己如果通过努力,就可以取得多么好的成就,去赢得鲜花和掌声,只是现在没有努力,也不屑于努力,如此而已。思思想想,也许你真有很大的潜力可开发,也能够取得你拟定的期望值,但你没去做,没有实干真干加巧干的动手能力,那就是空话、屁话或痴话、梦话与谎话,你所说的就不是对自己的反思,而只能是对自己的极大嘲讽。总之,本质唯有其一,就是自我必须认识到自己的错误并努力去加以改正和剔除,这才是真正的反思。

有一个哲学思辨题目"人绝不可能再次踏进同一条河流",虽然许多人也懂得这个道理,也固执己见地反驳过,人是绝对不会犯同样过错的。圣人之所以伟大,就因为他们不会在同一个坑里连续跌倒两次,而凡人却没有他们那么幸运,总是会跌倒了再跌倒,不知在同一个坑里跌了多少次。既然跌倒了,就要站起来,好好反思如何会跌倒,避免再一次跌倒。但在生活中,能够做到这些的却没有几个。而所有人只是保留在原地,咒骂命运的不公,其实命运对待每一个人都公正的,只

是世人都少了一份释怀。路还得接着走下去，一边走一边骂，丝毫没有想过如何才不会再跌倒，或者只是反思自己不该这么下去，或自叹命薄，一路跌跌撞撞，带一生的伤痕和一世的遗憾去了。而有一部分人在跌倒后，他们会仔细反思过错，认识到如何跌倒并改正，一生不会在同一个坑里跌倒，而且举一反三，许多事都能做得尽善尽美，避免了过错并把经验流传后世。因此在很多年后，他们被世人尊称为圣人，只可怜后世的人们带着祖宗的反思之法却不知如何反思或根本不知去反思。只有反思与行动相结合，才能展现出它无尽的力量，才能真正做到零缺陷。

当我们反思自己的过错时，就要勇于去改正过错，只有这样才能使打湿的花朵再度芬芳，阴暗的天空再次明媚。学会反思，善于反思，勇于改过，我们也可以成为成功者。

也许有人会问："是不是只有在做事失败的时候才需要反思？"答案是否定的。反思应该成为我们生活中的习惯，无论所做的事最终以成功还是失败告终，都应该做到事后认真地反思，从而找出不足。很多人看过《谁动了我的奶酪》一书，两只老鼠同时找到美味的奶酪，但本质上的态度却截然不同，一只老鼠想的只是奶酪的美味，抱的是得过且过的生活态度，认

第二章　没有什么不行

为可以有吃的东西就非常幸福了。而另外一只老鼠想的却是奶酪终究有一天会吃完,应该及早找到新的奶酪,只有这样等奶酪吃光了也不会挨饿。两只老鼠不同的做事态度,注定有着不同的结果。只知道看眼前利益的那只老鼠总是被动的,永远跟在别人后面生活、做事。而另一只老鼠知道思考,总能够想到其他人没有想到的事情,以至于总是可以先一步迈向成功的彼岸。

人生是没有终点的,应该随时准备着攀登一个又一个的高峰,所以无论在做什么事情之前都应该认真思考,除了要勇于接受挑战外,做事的过程中更应该脚踏实地,无论成功也好、失败也罢,都积极面对,细致地反思哪些是应该保留的优点,及时改正那些要不得的毛病。

朋友,一时的失败并不可怕,可怕的是不知道认真、及时地反思失败原因。对于会反思的人来说,失败注定是通往成功的阶段;而对于不会或是根本不知道反思的人来说,失败是其一生摆脱不了的泥潭,且会越陷越深。

保持一颗纯净的心

好与坏，成与败，其实只有一纱之隔，关键在于能否在纷扰繁杂的世界中保持一颗纯净的本心。

在每一段人生旅途中，时常和自己聊聊天是很有必要的事情。很多时候，我们只注重了外在能力的变化和提升，却忽视了自我内心的需求和感受。就像电脑的维护系统要升级一样，我们的心灵也需要类似的呵护。

关心自己先从寻找问题的自省开始。

自省，就是审视自己，反省自身。人们在对事情进行归因时，常常是把积极的结果归于自己，把消极的结果归于其他，这样很难做到积极公正地审视自己。

自省是一种非常优秀的品质，只有懂得自省的人才能够不断地进步。纵观那些成就大事业的人，我们都不难发现他们都具有自省这个共同的特点。

第二章 没有什么不行

英国著名小说家狄更斯,因为作品深受人们的喜爱,所以每次新作还没有出来,就已经有很多人等着拜读他的作品了。但是,就是这样一个优秀的作家,却从来都不会将自己没有完全认真检查过的文章给读者看。

他有一个习惯,每天无论到了什么时候,都会坚持把自己已经写好的全部内容通读一遍,发现任何不满意的地方及时更正,直到能让自己满意为止。因为他坚信一部自己都不满意的作品是无法获得别人的认可的。因此他的每次修改过程要花费好几个月的时间。正是因为拥有了这种不断自省的精神,才使其获得非凡的成就。

"吾日三省吾身",曾子的话再次印证了自省精神的重要。一个人反省自我的过程实际上就是学习的过程,找到失败的教训,总结成功的经验,从而想出更多更好的办法来弥补尚不完美的存在,使得人们在反省中变得更加清醒和智慧。

传说著名高僧一灯大师藏有一盏"人生之灯",灯芯镶有一颗历时500年之久的硕大夜明珠。此珠晶莹剔透,光彩照人。得此灯者,经珠光普照,便可超凡脱俗、超越自我、品性高洁,得世人尊重。有三个弟子跪拜求教怎样才能得此稀世珍

宝。一灯大师听后哈哈大笑，他对三个弟子讲，世人无数，可分三品：时常损人利己者，心灵落满灰尘，眼中多有丑恶，此乃人中下品；偶尔损人利己，心灵稍有微尘，恰似白璧微瑕，不掩其辉，此乃人中中品；终生不损人利己者，心如明镜，纯净洁白，为世人所敬，此乃人中上品。人心本是水晶之体，容不得半点尘埃。所谓"人生之灯"，就是一颗干净的心灵。

人生天地间，要想活得堂堂正正，俯仰无愧，就要学会不断擦拭自己的心灵，为自己的心灵除尘。做人当自省，面对是非恩怨，当从检点自己开始。平日打扫房间时，我们会选择处理掉没用的东西，留下需要的。心灵上，也是。把自己心灵上的污垢与尘埃一同抹去，在客观理性地认识自己的基础上，不断地从内而外地完善自己，从而取得一个又一个的成功，实现自己的梦想。

经常给心灵除尘，你的心会感恩于你。因为它想帮你更清楚地看清这个世界，让你更快乐更幸福更成功地活着。

第二章　没有什么不行

让自己忙起来

消除忧虑的最好办法就是让自己忙起来，尽量去做有意义的事情。

成人教育班上有一个学生马利安·道格拉斯，就是一个典型的例子。他失去了五岁大的女儿，一个乖巧伶俐的孩子，他和妻子都觉得无法忍受这样深重的痛苦。也许上帝对他赐予了怜悯之心——十个月之后，夫妻俩有了个小女儿——但令人崩溃的是，小女儿竟然只活了五天就离他们而去。

"接踵而来的打击，让我无法承受，"这位父亲告诉我，"我坐卧不宁，辗转反侧，精神恍惚，这样的打击让我的人生失去了意义。"

最后他决定到医院接受诊治。一个医生给他开了安眠镇静药，他试了试，作用不大；另一个医生建议他以旅行的方式求

得内心平静，减缓痛苦的侵袭，可仍是不能让他忘怀失去至亲的伤痛。

马利安说：

我好像被一把巨钳愈夹愈紧，无法摆脱。那种悲哀、麻木将他压得透不过气，让他无法自拔。

幸运的是，我还有个4岁大的儿子，是他最终解决了我们的问题。那是一个下午，我呆坐在那里，正在悲伤难过，我儿子过来问我："爸爸，给我做条船好吗？"

我哪有什么造船的兴致，事实上，我已万念俱灰，丧失了一切动力。可我儿子缠着我，誓不罢休。这个执着的小子，我终于拗不过他，开始了一条玩具船的制造工作。

大概三个钟头的样子，船顺利完工了。我忽然发现，摆弄船的那三个小时，是我好几个月以来最平静放松的时间段。

这个惊人的发现之所以让我震惊，不但因为它使我从混沌中惊醒，更因为事实使我明白了人生重要的道理——这是我几个月来第一次开始思考。我认识到如果有那么些需要周密计划、认真思考的事情让你忙得不亦乐乎，就很难抽出时间去怨

第二章 没有什么不行

天尤人了。对我自己,建造那条船的事情已经占据了我的全部身心,无暇顾及其他了。想到这一个好办法能够击退沉郁的心情,我决定让自己立刻忙起来。

第二天晚上,我开始对家里每个角落进行全面巡视,把所有需要修缮的物件列成清单。你绝对想象不到,两周之内,我列出了242件要修的东西。书架、楼梯、窗帘、门锁、水龙头等,花了我两年时间才弄完大半。

除此之外,我把生活日程安排得满满当当,富有创造性:一周里的两个晚上,我到纽约市参加成人教育班,或者参加镇上的社会活动。我现在是学校董事会的主席,有很多会要开,还要协助红十字会和其他慈善机构募捐。可以说,我简直忙得没空去多愁善感。

"没空去忧虑",这正是二战时,每天工作18个小时的丘吉尔在忙于战事时所说的话。有人问他是否为国家前途和身担责任忧心过?他说:"我忙于职责,没空去忧虑。"

发明汽车自动点火器的查尔斯·柯特林退休了,他担任了多年通用公司的副总裁。可是说到他当年在谷仓草垛旁做实验的潦倒情形,家里开销全靠太太1500美元教钢琴的薪水维持的

窘态，甚至借500美金用人寿保险做抵押的尴尬局面，他太太就感触良多了。

我问柯特林夫人，那是不是她一生中充满忧虑的时期？"是的，"她回答说，"我忧心忡忡，难以入眠，可是柯特林看上去浑然忘我，沉浸在工作里，根本没空去忧虑。"

伟大的科学家巴斯德曾经提到过一种"在图书馆和实验室才拥有的平静"。平静为什么会在那两个地方找到呢？因为痴迷于图书馆和实验室的人通常都埋头于工作、醉心于研究，不会为其他什么事担忧。有数据表明，科研人员通常不会出现精神崩溃的状况，因为他们没有时间、没有精力来享受这种精神上的"奢侈"。

为什么"让自己忙起来"这么一件简单的事情，就能够把忧虑赶出去呢？有一条最基本的心理学定律表明：无论多聪明的人，都不可能一心二用。不信我们做个实验，假定你悠闲地坐在一把足够舒适的椅子上，两眼紧闭，同时去想两件事：第一，自由女神的模样；第二，你明天早上的日程安排……不管椅子如何舒适，不管给你几次机会，能成功吗？你只会遗憾地发现，你只能依次想这两件事，而不能同时想两件事。我没说错吧？

第二章 没有什么不行

我想指出的是,你的情感、心理也是这样,一心不能二用。我们不可能既心拥热忱地激情开拓,又同时忧伤满怀而踟蹰不前。在同一时间,两种不同的感觉、两种不同的情绪是不能共存、不能集于一身的。针对那些在战场上受到挫折和刺激而退役后患上战争综合征的人群,这个简单的发现让军方的心理专家们能够以"让他们忙起来"作为重要的手段予以治疗。

著名诗人亨利·朗费罗在痛失爱妻之后,也逐渐明白了这个道理。

一天,他的妻子在点蜡烛的时候,不小心点着了衣服。朗费罗听到妻子的惨叫声就赶来抢救,但妻子还是因为伤势过重离他而去了。之后的一段时间,朗费罗脑海中一直萦绕着妻子丧生的悲惨场景,他近乎崩溃。所幸还有三个年幼的孩子需要父亲的照顾,他不得不强忍悲痛,担当起父亲和母亲的双重职责。他陪孩子们玩耍,给他们讲故事,并将对孩子的感情都倾注在诗歌中,同时他还完成了《神曲》的翻译工作。这些事令他忙得片刻不停,从而使他没有时间和闲情陷入绝望,他逐渐从悲伤中解脱出来,重新获得了内心的平静。

教育学教授詹姆斯·莫塞尔有一个明确的观念就是"忙

而忘忧"，因为忧虑最容易伤害无所事事的人。越是无聊，你越会心事重重、想入非非、误入歧途，甚至钻进死胡同。这时候，你的思想就像飞驰的汽车，横冲直撞，一切毁于一旦，甚至包括你自己。消除忧虑的最好办法就是让自己忙起来，尽量去做有意义的事情。

第二次世界大战时，密苏里农场有一对家住芝加哥的夫妇，那位太太向朋友讲述了她是如何消除忧虑的。她告诉朋友，他们的儿子在日军偷袭珍珠港之后就参加了陆军，她成天为儿子的安全担忧，他现在身在何处？是否在作战？有没有负伤？不会牺牲了吧？她牵肠挂肚，忧心忡忡，精神濒临崩溃。

朋友询问她后来如何走出忧虑的？她回答说：

让自己忙碌起来，去做有意义的事。最初，我辞退了女佣，自己承担起全部家务，试图用忙碌来驱赶忧虑，但效果并不明显。因为家务事对我来说驾轻就熟，完全不用费神就能完成。所以，洗碗、打扫的时候，我还是无法避免地为儿子担忧。后来我意识到必须得找一份新工作，才能让我从早到晚全身心地投入其中，于是，我去一家大型百货公司做了售货员。

之后的情况完全不同了，我一整天都被顾客团团围住，不

第二章　没有什么不行

停地为他们解答价钱、颜色、尺码、面料等各种问题,再没有空闲时间去想工作之外的事。晚上回到家,我感到双脚酸痛不已,一吃完饭倒头就睡,再没有精力去忧虑了。

著名女冒险家奥莎·汉逊的自传《我爱冒险》中写到,她是一位真正体验过冒险生活的女人:

她和丈夫马丁·汉逊结婚时才不过16岁,婚后他们就离开了家乡,来到婆罗洲的原始丛林生活。25年来,夫妇俩一起环游世界,拍摄了许多亚非洲濒临灭绝的野生动物纪录片。回到美国后,他们巡回演讲,向人们展示他们的成果。

后来,在一次飞往西海岸的航行中,飞机撞到了山上,马丁当场身亡,奥莎也被医生诊断为终身瘫痪。可是三个月后,奥莎就已经坐在轮椅上为大众发表演讲了。她说:"只有这样才能让我没有时间再去悲伤、忧虑。"

大文豪萧伯纳曾总结说:"让人愁眉苦脸的秘诀就是有充分的时间,有空闲去想他自己的伤心往事。"

所以不必去想陈年旧事,不必去想"我快乐吗""我真倒霉"这样的问题,给自己鼓鼓劲,让自己忙起来,你的血液就会循环沸腾,你的思想就会变得敏锐深刻——让自己置身忙碌

之境，这对于忧虑来说是世界上最价廉物美的良药。

　　消除习惯性忧虑的第一条原则是让自己忙碌起来，全身心投入工作，否则只能在忧虑和绝望中痛苦地挣扎。

第二章　没有什么不行

没什么不可能

19世纪70年代,美国当代著名心理学家、斯坦福大学心理学系教授阿尔伯特·班杜拉提出了"成功者不一定认为自己最棒,而是相信自己能做到"的理论。他说,成功人士的重要特质之一是"自我效能感"。

"自我效能感"与一般认为的"自信心"和"自尊心"是有很大区别的。自信心,就是一个大致上的"自我相信",相信自己很美,相信自己很行,相信自己无论如何都比别人棒!而"自尊心",就是爱自己,认为自己很高贵,比别人都高贵,比世界上所有人都高贵!

但心理学家发现,真正成功的人,并不需要特别的"自信"或"自尊"!

这些成功的人,在他们还是不起眼的小子的时候,他们只是深深相信,他们能"做到这件事"!他们不是相信"自己

这个人很棒",而是相信"自己能'做'到这件事"。他们相信,自己不怎么样没关系,自己不如人也无所谓,重要的是,他们会相信,自己可以充分发挥效能,将眼前这件事情做好!

　　心理学家发现,很多成功人士都不是很有自信的人,但他们却有自我效能感!没有充分自信的人仍潜藏着极强的成功特质,因为他就是认为:

　　"我虽笨,但我可以做成这件事!"

　　"我虽丑,但我偏偏就是可以做到这件事!"

　　"我虽穷,但我无论如何都可以做到这件事!"

　　这些拥有高度的"自我效能感"的人,总是认为"成事不在天,而在我本人"!我拥有每一分的控制权,决定这件事是否会做成功!

　　因为有这种把握,所以,即使遇到了挫折和障碍,他也能够爬起来继续走!

　　有趣的是,反而是太有"自信"的人,不见得可以"持之以恒"。他或许就是太有自信,所以当他做了一阵子,发现这件事怎么好像一直碰壁,他就会拍拍屁股站起来,认为"此处不留爷,自有留爷处""我这么一个尊贵的人,为何要在这里穷搅和""这件事不适合我做,我换件事情做吧"。于是,这

个人就无法"继续走",无法持之以恒,结果,因为过早地放弃而失去了很多本来可以成功的机会。

拿破仑·希尔说:"为了有效解决问题,首先你要强烈地相信自己能够做到。"

有些事情很多人之所以不愿去做,只是因为他们想当然地认为很困难。其实,很多的困难只要你能拿出勇气主动去试一试,也许你很快就能排除想象中的障碍,铺平走向成功的道路。

拿破仑·希尔曾经做过一个这样的试验,他问一群学生:"你们有多少人觉得我们可以在30年内废除所有的监狱?"

学员们觉得很不可思议,这可能吗?他们怀疑自己听错了。一阵沉默以后,拿破仑·希尔又重复了一遍:"你们有多少人觉得我们可以在30年内废除所有的监狱?"

确信拿破仑·希尔不是在开玩笑以后,马上有人站起来大声反驳:"这怎么可以,要是把那些杀人犯、抢劫犯以及强奸犯全部释放,你想想会有什么可怕的后果啊?这个社会别想得到安宁了。无论如何,监狱是必需的。"

其他人也开始七嘴八舌讨论:"我们正常的生活会受到威胁""有些人天生坏,改不好的""监狱可能还不够用

呢""天天都有犯罪案件的发生",还有人说有了监狱,警察和狱卒才有工作做,否则他们都要失业了。

拿破仑·希尔不为所动,他接着说:"你们说了各种不能废除的理由。现在,我们来试着相信可以废除监狱,假设可以废除,我们该怎么做。"

大家勉强地把它当成试验,开始静静地思索。过了一会儿,才有人犹豫地说:"成立更多的青年活动中心,应该可以减少犯罪事件。"不久,这群在10分钟以前坚持反对意见的人,开始热心地参与了,纷纷提出了自己认为可行的措施。"先消除贫穷,低收入阶层的犯罪率高。"

"采取预防犯罪的措施,辨认、疏导有犯罪倾向的人""借手术方法来医治某些罪犯"……最后,总共提出了78种构想。

在很大程度上,我们的想法决定了事情的结果。当你认为某件事不可能做得到时,你的大脑就会为你找出种种做不到的理由。但是,当你真正相信某一件事确实可以做到,你的大脑就会帮你找出能做到的各种方法。

第二章 没有什么不行

你认为你行,你就行

一个星期六的早晨,一个牧师正在为讲道词伤脑筋,他的太太出去买东西了,外面下着雨,小儿子又烦躁不安,无事可做。后来他随手拿起一本旧杂志,顺手翻一翻,看到一张色彩鲜丽的巨幅图画,那是一张世界地图。他于是把这一页撕下来,把它撕成小片,丢到客厅地板上说:"强尼,你把它拼起来,我就给你两毛五分钱。"牧师心想他至少会忙上半天,谁知不到十分钟,他书房就响起了敲门声,他儿子已经拼好了。牧师真是惊讶万分,强尼居然这么快就拼好了。每一片纸头都整整齐齐地排在一起,整张地图又恢复了原状。

"儿子啊,怎么这么快就拼好啦?"牧师问。

"哦,"强尼说:"很简单呀!这张地图的背面有一个人的图画。我先把一张纸放在下面,把人的图画放在上面拼

起来，再放一张纸在拼好的图上面，然后翻过来就好了。我想，假使人拼得对，地图也该拼得对才是。"牧师忍不住笑起来，给他一个两毛五分的镍币。"你把明天讲道的题也给了我了。"他说："假使一个人是对的，他的世界也是对的。"

这个故事意义非常深刻：如果你不满意自己的环境，想力求改变，则首先应该改变自己。即如果你是对的，则你的世界也是对的。你认为你行，则你就能发挥潜能，你就能成功。换句话说，只要你有信念，你就能发挥出你的潜能。

安东尼·罗宾说得好，"对潜能的强烈信念是世界上最强的力量之一"。

12岁的牧羊女贞德就相信自己能够率领法国军队抵抗英国。她的信念如此强烈，17岁时她到查理王子面前说明她的信念，查理王子被她说服了，给了她一套盔甲和一支军队。贞德领导法军打败了向来未尝败绩的英军。

让我们再重复一遍，对潜能的强烈信念是世上最强的力量之一，不论情况多恶劣，障碍多难克服，你的信念都会告诉你，其中必有解决之道。你的盔甲可能是听诊器、打字机或是麦克风；你的宝剑可能是耐心、不自私或者永不懈怠的态度。

第二章　没有什么不行

成功是由一群平凡的人以不平凡的决心达到的，但这并不简单，有价值的成就通常都不容易取得。一位心理学家说，多数情绪低落、不能适应环境者，皆因对自己缺乏信心，没有对潜能产生强烈的信念。

威伯福斯就是一位对潜能有着强烈信念的人。英国政治家威伯福斯厌恶自己矮小，名作家威斯韦尔有一次去听威伯福斯演讲，事后对人说："我看他在台上真是小不点儿，但是听他演说，越说似乎人越大，到后来竟成了巨人。"这奇矮的人终生病弱，医生叫他吸鸦片烟，以维持生命，历时20年，他却有本领不增加每日吸食的剂量。他反对奴隶贸易，英国废止奴隶贸易制度，多半是他的功劳。

历史上最激励人的成功事迹，多半是身有缺陷或境遇困难，但仍勇往直前的人谱写的。例如，挪威著名小提琴家布尔有一次在巴黎举行演奏会，一曲未终，一根弦突然断掉。他不动声色，继续用三根弦奏完全曲。

事实上，这就是人生——只要你对潜能有强烈的信念，就能用其余三根弦奏完人生。

第三章

做最好的自己

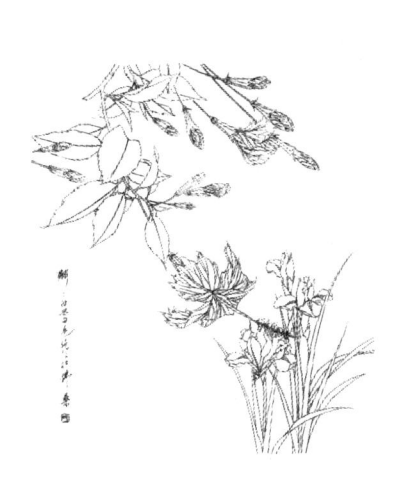

成功源于自我分析

我们常说"成功源自于自我分析""失败是成功之母,"检讨是成功之父",这些都是在说明一件事——自我反省、自我分析。这种自我检讨能够促使你走向成功。

人非圣人,孰能无错。人生允许出现错误,但不能允许同样的错误犯第二次,人的一生如果充满着错误,那么他的结果就无法正确。犯错不可怕,可怕的是不知道错在哪里。

一个成功的人往往是一个自我反省的人、自我分析的人。

每件事情都有其相应的时间和空间。既要花时间去实施,又要花时间去反省。我们当中的大多数人并不用时间进行反省。在我们繁忙的日程表上往往会忽略这一成功秘诀的重要部分。

在一天结束时,一定要花些时间审视一下在一天中发生的事情——到什么地方去了,遇见了什么人,做了什么,说了什么,等等。沉思一下做了什么,没有做什么,希望再做什么和希

望不做什么。一定要尽可能生动而形象地记住那些相关的事件。记住颜色，记住情景，记住声音，记住交谈内容，记住经历。

经验可以变成商品，变成钱财，变成货币，经验是价值之源。然而只有记录下来的经验，经过认真思索沉淀的经验，才能将它们转变为有价值的东西。

理想的反省时间是在一段重要时期结束之后，如周末、月末、年末。在一周之末用几个小时去思索一下过去七天中出现的事件。月末要用一天的时间去思索过去一个月中出现的事情，年终要用一周的时间去审视、思索、反省生活中遇到的每一件事。

自我反省的时间越勤越有利。假如你一年反省一次，你一年后才知道优缺点，才知道自己做对了什么，做错了什么。假如你一个月反省一次，你一年就有了12次反省机会。假如你一周反省一次，你一年就有50多次反省机会。假如你一天反省一次，你一年就有365次反省机会。反省的次数越多，犯错的机会就越少。

自我反省能让自己知道明天应该做什么，应该如何去做，可以让自己不再盲目地生活。

在考查自身的生活时，既要看到正面的一面，又要看到反面的一面，也就是说，既看到成功也看到失败。我们常说"失

败是成功之母",对于我们来说,失败往往比成功是更好的老师。我们既要能享受成功的喜悦,又要能承受失败的痛苦。

从失败中求得成功、从错误中发现正确是我们认识事物的途径之一。假若在过去的10年做错了某些事,经由自我反省,就不会让它再次出现在下一个10年中。

自我分析一个最好的方法是倾听自己内心的声音。

人生中有许多重大的决定,有些决定甚至左右着人生的方向、事业的成败。做好决定、做对决定,往往需要一些忠告。内心深处的声音,正是最好的忠告。

成功的商人和投资者会告诉你,最重要的资产不是金钱,不是运气,不是眼光,而是有自知之明。唯有深刻地了解自己,才能知道可以冒多大的风险。

亚伯拉罕·林肯曾说:"我希望我是这样管理我的政府事务的,当我最后将权力的桂冠摘下时,如果我失去了地球上全部的朋友,我还应该剩下一位朋友,那就是我自己的内心。"因为内心是不会欺骗他的。

成功或失败的起点都是健康正确的自我评价。如果你想要获得成功与欢乐,你必须首先相信自己。在你认可自己之前,一切用来激励自己的目标设定和为达到目标所设计的合理化步

骤都不会对成功有什么帮助。根据著名医生乔伊思·布拉德教授的说法："自我评价是人格的核心。它影响到人们方方面面的表现，包括学习能力、成长能力和改变自己的能力，对朋友、同伴和职业的选择。不夸张地说，一个强大、积极的自我形象是为成功做的最好准备。"

自信并不是狂妄或自大。实际上，自信能使你更加谦逊，因为了解自己的价值可以帮助你更好地了解别人的价值。

而且，喜欢自己并不是说对自己所做的一切事情都喜欢。自信就是能够正确评价自己特殊的才能、作为一个人所具有的价值以及充分展现自己最优秀的方面和发挥潜在能力的愿望。重视自己的优点，努力改善缺点。自信的人总是会不断提高自己。

认可自己的行动能力是自信的关键。如果因为自己所做的事情而责备其他人，或如果对自己非常懊悔以及认定自己注定事事失败，你就无法获得一种强烈的自信。

为了维持一种错误的和不真实的自我形象，人们通常避免面对和接受现实。他们可能会躲避现实，忽略那些与自我形象不一致的地方。或者拒绝接受反映真实情况的活动或事情。闭住双眼（或者体内的"双眼"），回避现实会阻碍你理解和接

受真实的自我。

在自我形象中，总有一些内容是自我感受中的重要部分，当发生的事情与这些内容相违背时，麻烦就随之而来。体内的"自我"会非常不愉快。自信也受到威胁，你不希望这样的事情发生在自己身上。结果，一种紧张（焦虑、压力，或者抵触）就会在体内滋生。在陷入失望的同时，你会产生深深的怨恨。如果这种抵触情绪极大地刺痛了自信，你可能会为这种事情发生而责备自己。

当与自我形象相抵触的事情发生时，努力忽略这些事情是自然而然的事。

看到自身的优势与劣势

每个人都有优点与缺点，我们需要认真地发现自己的优点，发挥自己的长处。如果我们能选准适合自己个性特点的工作，那么，我们就会在工作中获取应有的快乐。

你每天都在做你最擅长的事情吗？你现在从事的工作是你满意的工作吗？大部分人对此的回答都是否定的，这是因为他们对自身的才干和优势不甚了解，因此也就不能够根据自身的优势给自己做出准确的定位。可是在追求成功的道路上，只有发挥出自己的优势，扬长避短，才可能尽快并最终取得胜利。

美国管理大师德鲁克说："大部分美国人都不知道他们的优势能力何在。如果你问他们，他们就会呆呆地看着你，或文不对题地大谈自己的具体知识。"这个现象不仅在美国，在中国也很普遍，很多人都不曾考虑自己的优势能力是什么。这并不是个好现象。美国盖洛普公司认为在外部条件给定的情况

第三章　做最好的自己

下，是否成功，关键在于能否准确识别并全力发挥你的优势。

所有成功的人士，都会充分发挥自己的特长，令自己的才能得到最大程度的施展。而一个人若选择了自己所不擅长的行业，就不可能会取得多大的成就。

有位诗人曾写过一首品评历史人物的诗：

隋炀不幸为天子，安石可怜作相公。

若使二人穷到老，一为名士一文雄。

隋炀帝杨广是一个很有才气的人，有很高的艺术修养和天赋，可是他却生在了帝王家，运气不好当了皇帝，否则的话他肯定会成为一代名士。王安石的文章写得很好，可是命运安排他做了宋朝的宰相，领导了11世纪中期的一场改革，结果以失败告终，自己也被贬了官，落得个被人唾骂的下场。如果他未曾从政，一心从事文学创作，那就肯定会成为大文豪，当时和后世对他的评价将更高。所以说一个人必须要充分认识到自己的特长，对自己进行正确的定位。只有适合的，才是最好的。

从事适合自己的工作不仅能心情愉快，还会对工作乐此不疲，创意与精力源源不断，同时也能从日常的工作中发现自己的进步。

发现了自己的优势能力，还要善于运用，否则你的优势就

是白白浪费，毫无价值。就像一颗钻石，如果沉在海底，就无异于破铜烂铁，只有把它捞出来，真正使用，才能体现它的价值。需要强调的一点是，每个人最大的成长空间在于其最强的优势领域，所以我们应多花点时间把自己的优势发挥到极致，而不是花很多时间去弥补劣势。很多青年人刚离开学校，步入社会找工作时，总是放大自己的劣势，忽略了自己的优势。其实从统计学的角度说，十全十美或一无是处的人在这个世界上几乎不存在，大部分的人都是只有一方面比较突出，没有一个人可以精通所有的行业和领域，也没有一个人是百无一用的。

  一名上海交通大学的应届毕业生在众多应聘者中脱颖而出，进入了名列世界前十名的公司做销售。可是这位同学大学期间的成绩并不好，几乎每学年都挂科。

  我们无须总担心自己的劣势，把自己所有的注意力都放在这上面，我们只要发挥出自己的优势就可以了。弥补劣势，虽然有时的确很有必要，但它只能使我们避免失败，而不能使我们出类拔萃。因为很多能力是与生俱来的，依靠教育、学习与培训只是事倍功半，未必有好的效果。如果你缺乏空间想象能力，却从事建筑设计；你对数字不敏感，却在当会计。这样你不仅很难取得好的成绩，工作起来也会很吃力，甚至让自己整

第三章 做最好的自己

日里焦头烂额,痛苦不堪。

  每个人都有自己的优势和劣势,我们需要做的仅仅是找到自己的优势,并将其发挥到淋漓尽致的地步。一个人能否成功,并不完全在于他有多深的学识和多出众的能力,这虽然是不可缺少的,但绝不是决定性的因素,关键在于他是否找到了能充分发挥自己优势的工作和事业。高声吟唱"天生我材必有用"的李白,正是因为找到了自己的优势才成为大诗人,如果让他去经营一家酒馆,恐怕用不了几天就关门大吉了。

做好自己

　　成长，在于每一天的获得和积累；提高，在于自己的学习和努力。西点军校第一任校长乔纳森·威廉斯曾说过："不管你有多么伟大，你依然需要提升自己，如果你停止在现有的水平上，实际上你是在倒退。"小到言谈举止，大到人生态度，都离不开主动的提升。成功的路不止一条，成功的标准也不止一个。有勇气不断超越自己、不断超越过去的人，才有可能跻身于成功者的行列。

　　一个人的人生是否有意义，是否快乐，是否成功，不在于外界环境，而在于自己内心的感受。

　　每一段人生历程，都是重复与创新的思考；每一次成功与失败，都是一个难忘的人生经历；每一次选择与放弃，都是人生的转角。一步步地踏上人生的旅程时，不忘为自己寻找一些乐趣，给自己提供休息的加油站，带上充足的能量，继续上路。

第三章　做最好的自己

每个人有每个人的活法，每个家庭的日子也各不相同。但是，无论老少贫富，只要对人生充满信心，都可以活得很有意义，把日子过得很美满。另外，人生在世，倘若拥有豁达开朗的心态。即使一无所有，也会积极努力，相信明天"面包会有的，牛奶也会有的"；即使遭遇失败与不幸，也要去向往明天的美好。

请坚信每天的太阳都是新的。

有一对夫妻刚刚从工作岗位上退下来。每天早上，在洗漱之后，他们就到街心公园去跳舞。在音乐伴奏下，他们踏着欢快的舞步，不停地变换着美妙的舞姿，那健美的身段和红扑扑的脸庞上，依然显示出年轻人一般的朝气与力量。园中游人，被他们精彩的表演所吸引，不断地走过来，热烈地拍手叫好。他们活得快乐、活得美丽；他们把自身的快乐和美丽带给别人，别人的生活就更增加了一份快乐和美满。

每天到这个街心公园来的，还有一对年逾古稀的白发老人。老汉是个偏瘫病人，他一只手拄着一根拐杖，另一只手臂就搭在老妇的肩膀上。老妇不仅用身体承担着老汉大部分的重量，同时还要提着一个套在老汉右脚上的绳圈，用力提拉着他

那不起作用的右脚，帮助老汉一小步、一小步地往前挪动。在他们走过的小道两旁，经常会有一些驻足观望的游人。可是，这对老夫妇在众人的注视下，却总是那么坦然自若地相携而行。他们脸上的表情，总是出奇的平静。

望着这对老夫妇蹒跚而行的身影，人们会不由得联想到很多、很多……以上这两对夫妇，从身体上来说，一对拥有健康与欢乐，另一对则不能摆脱残疾与病苦。但是，如果从对生命的执着和对生活的追求着眼，我们就可以看出，他们活得都很有意义。他们各以自己的方式和力量，努力把日子过得更幸福、更欢乐。他们要让自己的生命之花，尽情地开放！

一个人是不是快乐，是不是能够成功，都与情绪的好与坏、心态的正与邪有十分密切的关系。脑海中要常常保持正面的信念，相信自己可以健康，相信自己值得被爱，相信自己有价值，相信自己能找到梦想的起点，相信自己要快乐是很简单的；相信自己总有一天会成功……这些心理活动对一个人的影响是极为重要的。

从保持身心健康的角度来看，人的情感有积极与消极之分。一般来说，喜、乐、爱是积极的情感，它们对保持与增进身心健康有利；而怒、哀、恶是消极的情感，忧、思、悲、

第三章 做最好的自己

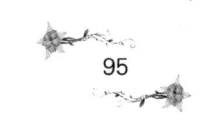

恐、惊也属于此列，它们有损于身心健康。

从人生获得来看，积极的人生态度和情绪，能够促进快乐，带来成功；消极的就会引发悲伤，诱发失败。因此学会在困难中寻找快乐，保持良好的生活心态，才能在每天的生活和工作中获得满足感和幸福感，而这种满足和幸福就是我们生活的原动力，也是人们不知疲惫去不懈努力奋斗的原因。

没有谁不是在泪水中学会坚强的，所以，遇到任何困难都没有必要过于激动，过于不知所措。一切都是顺其自然的发生，只需要等待一个顺其自然的结果就可以了。

现代生活中易犯的一项重大错误就是，一开始就估计得过高或行动过度：有许多人之所以购买最新型的汽车，是因为他的邻居买了这样一部新车；或是为了相同的原因而搬入某种形式的新屋居住。

著名作家范锡·培卡德在他的畅销书《争名夺利之辈》中，对此种现象有一段很精彩的描述："我参加了1958年在芝加哥举行的美国全国建筑商大会，在会中我听到一位房地产市场的顾问作的报告说，他和他的助理在八个城市里进行了411次'深度访问'，希望发现人们在买房的时候，究竟有何考虑？他发现许多中年人买房子，都是希望替自己买一栋象征自己成

就的房子，他并且详细说明了如何在出售房子时，增加一点'派头'的吸引力。

"其他许多的房地产专家最近也指出，'派头吸引力'是房地产销售的最佳秘密武器。这位专家说，其中一个方法就是在你的广告中加入一些法国文字。他说法文就是代表派头。果然我们不久就在报上看到很多夹着法文的房地产广告。"

如果你也急着向别人看齐，那你将无法获得快乐的生活，因为你所过的不是你的生活，而是某个人的生活，因此你只是你自己的一部分而已。活是为了自己而活，拼搏归根结底也是为了自己，这不是一种自私而是一种坦诚的人生态度。我们每个人都在为了打造一个最好的自己而不懈地努力。不管是好的时候还是遇到困难，或被人置疑的时候，都不需要在乎别人的眼光，只要自己明白这样做是对的就可以。

当你在一次社交场合上发表一项意见，别人却哈哈大笑时，你是否立刻沉默不语，退缩起来？如果真是这样，那你要把下面所说的这些话当作一顿美餐好好吸收消化。它们将赐予你一种神奇的力量，使你在芸芸众生中保持自己的特点。

1.承认你有"与众不同"的权利

我们都有这种权利，但许多人却不懂得运用。不要盲从，

当你的意见与大部分人不同时，可能有人会批评你。但是一个思想成熟的人并不会因为别人皱眉就感到不安，也不会为了争取少数人的赞许而出卖自己。他们的实力与自信会帮助自己渡过难关。

2.支持你自己

你必须成为自己最好的朋友。你不能老是依赖他人，即使他是个大好人，他也必须照顾自己的利益，而且他内心也一定有些问题困扰他。只有你充分支持自己，经常与内心的另一个自我聊天，加强你的信心，才能使你在人群中保持独特的风格。

3.不要害怕小人

几乎所有的人都在正正当当地做事，只要你给他们公平的机会。然而还是有些小人，有时会用一些不正当的手段争名夺利；有些人利用别人的自卑感，以漂亮的空话威胁恐吓竞争者。你要学习应付讥笑与怒骂，坚守自己的权益，大大方方地表达你的信仰与感觉。记住，小人的内心深处其实也很空虚，他的攻击只是防卫性的掩护而已。

4.想象你的未来成就

有时你会觉得心情不好，或者跟某些人相处得不好，觉得自己像个外人，不要沮丧，这种情形任何人都会遭遇到。只

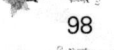

要你想象更快乐的时刻，使你感到更自由、更活泼，那就能够恢复信心。如果你的脑中无法立即浮现这些情景，请你继续努力，它值得你继续努力的。

总之，我们不需要为了别人的得失而改变自己的人生，我们需要做的只是最大限度做好自己分内的事情，努力争取应该争取的荣誉，谦虚而平和的生活，但对梦想又能保持一份激情，在关键的时候能展现出自己最好的一面。我们都是世上独一无二的存在，要做就做最好的自己。

第三章　做最好的自己

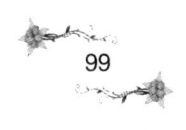

永不放弃

　　此时此刻，我的人生从零开始，皈依宁静的修炼，让内心感觉到安宁才真是最幸福最快乐的事情……特地找来几首小诗来激励自己，从此灵修这门古老的修炼又开始了，去领悟我还没领悟到的世界，去吧，平和而安宁的国度就在你面前……

　　永不放弃，永不心灰意冷。别依赖未来，让自己坚定的心指引自己向着成功的方向再努力一次，直至成功。永存信念，它会使你应付自如。难挨的时光终将过去，一如既往。只要有耐心，梦想就会成真。

　　露出微笑，你会走出痛苦。相信苦难定会过去，你将重获力量。

　　你必须接受打击，或施加打击，你必须冒险，也必须付出。

　　做个男子汉去迎接战斗，就是取得胜利的唯一途径！

　　你需要一点儿勇气，也需要一点儿自我克制，还需要几分

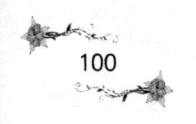

严峻的决心，倘若你要达到目标，就要紧紧抓住自己的梦想，不让它无情地飞走，把自己陷入冰天雪地。

如果你认为你败了，那你就一败涂地；如果你认为你不敢，那你就会退缩；如果你想赢但是认为你不能，那么毫无疑问你就会失利。

如果你认为你输了，你就输了。因为我们发现人世间成功从一个人的意志开始，成功是一种心态。

生活之战中，胜利并非总是属于更强和更快的人，胜利者终究是认为自己能行的人。

帮助别人等同帮助自己，不要吝啬仅有的爱，它会帮天使给你捎来洁白的小翅膀，让你向着成功的方向飞去！

不一样的人，不一样的思维，不一样的理念，不一样的追求，伟大和平凡在这个事情上没有什么高低之分。

诺贝尔奖是世界上最有影响力的奖项，大家对之肯定不会陌生。可是，我们一般都在关注着各个领域的获奖者，并不关心其资金的运作情况。

1896年，诺贝尔逝世。按照其遗嘱，将其全部财产用于设立基金会，奖励在物理、化学、生物医学、文学、和平等方面做出重大贡献的人才。诺贝尔在各国的遗产变现后，约折合920

万美元，不仅在当时，就是在现在，这笔遗产都可说是一笔巨大的财产。1901年第一次颁奖时，每项奖金的数额约合42000美元。出乎意料的是，随着每年奖金发放及基金运转的开销，50多年后到20世纪中的1953年，该基金的资产竟然只剩下330万美元。眼见基金消耗殆尽，基金管理者及时觉醒，将基金及时由单纯的存银行吃利息而转为投资到股票和房地产上。理财观念的改变彻底扭转了基金的命运。此后，由于投资获利，基金不断增值积累，其奖金金额也逐年增长。到现在，基金的总资产已近3亿美元，每项奖金也达百万美元之多。

这里面，我们看到不仅仅是理财理念的变化，更多的是诺贝尔的一颗心，一个攀到顶峰者的胸襟，在他的遗产用途上也不难体现出上述的四条人生理念。正确的理念与成功者之间有着如此密切的联系。它在无形之中影响着成功者的思想，又于行动之中体现出来。可见一个正确的理念是一种高尚品格的象征；一个正确理念的拥有者，应该是距离成功最近的那个人。

假定一位身无分文的年轻人，从现在开始能够每年存下14000元，并且将这些钱投资到股票、证券、房地产等方面，每年获得20%的收益率，如此坚持40年，那么40年后，他能积累

多少财富？

一般人猜的数字，多是200万到800万之间，最多也不过1000万左右。然而依照财务学计算复利的公式，正确的答案应该是不止1.028亿，一个众人不敢想象的数字。有数学或财务知识的朋友不妨自己试着算一算。

这个公式就是我国台湾著名的理财专家黄培源在许多场合多次讲到的制造亿万富豪的神奇致富公式。这个神奇的公式表明，一个20岁的上班族，如果依照这种方式进行投资，到60岁退休时，就已然是亿万富翁了。

从上述的例子可以看出，起始的资本虽然非常重要，但并不是唯一的决定因素。资产雄厚者如诺贝尔基金，如不善经营，也会有山穷水尽的一天，而仅以万数元起步，精打细算，妥善经营，也照样可以有亿万身家。

话好说事难做，现实生活中绝大多数人之所以终生难以发家致富，生活在窘迫之中，我想主要是因为有以下两个误区：

一是没有积少成多的想法，想当然地以为所有的富豪们都是挣大钱一夜暴富，幻想着有一天自己时来运转，轻轻松松挣笔大钱，自己眼下挣的这点工资攒也没用。

二是不积极学习投资理财的知识，认为只有有钱人才需要投资理财，像自己这样的穷人，这点钱都不值得去"投"去"理"，放银行算了，管他利息高低呢，又安全又省心。

许多人就是在这样的心态驱使下，一方面怨天尤人，另一方面做着白日梦，无所事事，又无可奈何地穷了下去。

现代经济社会中，每个人面前都有众多的诱惑和机会，能挣到大钱固然很好，但绝非唯有如此才能致富发财，关键是不要自我否定和放弃，保持一种积极的心态，持续不断地努力坚持下去。也许我们一开始不可能每年存下14000元，不可能每年获得20%的收益，但没关系，把这两个数字换成适合自己的数字，试试看。只要有了这种信念，坚持下去，总会一天好过一天，一年好过一年。再说，谁也不是天生就会投资理财，只有在实践中不断地锻炼学习，才能够成为投资理财高手。正如《富爸爸，穷爸爸》一书中所说的那样：把每一分钱都看成你的雇员，让他们去努力工作，给你带来最丰厚的回报。

还等什么，给自己制订个计划，从现在就开始吧。让我们向鲤鱼学习，努力跳过自己人生的龙门吧。祝你一跃成功！

不被未来所累

张其金说:"思维力的第三大因素是意志。"透过"心灵的眼睛"清楚地看到自己的需要之物,并对它"十分渴望",这还不够。这样只会让力量持续地处于蓄积状态,你必须通过意志的坚定和持久,把无穷的力量都用于实践之中。

或许,在所有思维力量中,意志应该是最关键的因素。在思维的世界里,它似乎单独存在,与"自我"主义有些类似。它是"自我"的主要工具,可以被"自我"直接利用。它的精神是坚忍与决心,它的实质是行动。

无论任何时候,你的行动都需要你的意志来支持。意志力量是思维力量中最活跃的部分。所有其他的思维力量,或多或少都是静止的。只有意志力量例外,它涉及的是思维力量显示其活力的过程。"所有能量最终都是意志力量",而且,"所有的活动最终都是意志的体现"。无论在宇宙中,还是就个人

第三章 做最好的自己

而言，意志力量都是根本。

有个很富有的男子说他什么都有，就是没有快乐，感觉这一辈子很累很烦，好像都在为他人而活。于是他向一个老法师询问这其中的原因。老法师说："你并不缺少快乐，而是缺少一颗创造快乐的心。"

许多人一生辛苦，到最后却感到这一生都没有快乐过，其实并不是他们多么不幸，而是他们总是在主观上拒绝快乐，不去主动发现并创造快乐。快乐是不会主动跑到我们面前让我们享用的，相反，它总是躲在某个地方，故意用许多烦恼来迷惑我们的双眼。其实，如果懂得快乐是需要自己主动去发现的，我们就能豁然开朗起来。

一个家财万贯的人整天不快乐，别人都不相信他这样富有了还不快乐，这个人却说他们不理解他。一天，这个人来到一个集市，遇到一个自称"没有一天不快乐"的农夫，便问其原因，农夫说："我曾经因为脚下没有鞋穿而整天沮丧，直到有一天，我在街上看到了一个没有脚的人。"此人顿悟，原来快乐便是知足。

这个农夫是懂得知足的，他把自己和没有脚的人对比时，

发现了自己竟然还有脚，即便没有鞋，但终究还可以自由地行走，和那个没有脚的人比，这个农夫觉得自己真的是幸福极了，因此他得到了快乐。

许多人觉得自己快乐不起来，多是认为自己是遭遇痛苦的人。而人世间有很多人即使处在不幸和艰苦的生活状态，也照样过得快乐。为什么？因为他们懂得人生中的苦是必然的，而如果让自己沉迷其中，就会活得很累。苦不苦只是心的一种感受，是一种对人生的态度。如果你的心态苦，那么在任何情况下你都会觉得苦，即使腰缠万贯，声名显赫，也照样觉得苦。

那么，如何让自己快乐呢？有位德高望重的高僧说："人生无常，关键在于得失心不要太重，得到时不狂妄，失去时不气馁，心里懂得知足，便会快乐。"

孔子的学生颜回曾住在穷困的陋巷里，过着简陋的生活，简直连饭都吃不饱，很多人都可怜他，可是他却不觉得苦，相反还觉得很快乐。他快乐的原因就是，日子再穷，也不过如此，快乐在自己的心里，而不在于日子苦不苦。所以，颜回成了一个贤者。

贤者能忍受常人所不能忍受的苦，而且在受苦的过程中，能心甘情愿地过苦日子而不抱怨。其实，这个世界上没有一个

第三章 做最好的自己

人是不受苦的,苦与乐全在我们的心里。

有一个人因为久久没有快乐,便想结束自己年轻的生命。一位智者念他曾经挺身救过一个老人,于是想要拯救他,便派使者去人间找些快乐来给这个找不到快乐的人。

使者想,有笑声的地方肯定有快乐。

于是他找到一位哈哈大笑的人,说:"借给我一些快乐吧!"

那人停住笑:"你以为我笑就快乐吗?其实,我是在嘲笑自己刚做的一件蠢事。我并不快乐!你应该去找皇帝,他什么都有,应该是快乐的。"

使者找到了皇帝,请求道:"陛下,发发您的慈悲,借给我一些快乐吧!"

皇帝却说道:"要说这话的人应该是我。不错,人间的东西我似乎什么也不缺——荣耀、权力、财富等,我什么都有,可我就是没有快乐。告诉你,我这一生,还从来没有过一天快乐的日子。你若找到快乐,我情愿用皇位来换……"

使者无心再听皇帝喋喋不休下去,便失望地走了出来。他在街上徘徊,看见一位残疾人,忍不住叹息道:"又是一个没有快乐的人!"

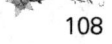

哪知残疾人抬起头来，充满快乐地用手比画着说："我有快乐。"

使者喜出望外，他想不到快乐就这样轻易地给找着了。

"快借给我一些快乐，好去救那要死的人。"使者急促地催道。

残疾人用手指着心间，说："快乐在我心里，你拿不走！"

使者空手而归，向智者禀告："快乐真是人间奇妙的东西——它既是奢侈品，又是廉价物，并且只活在人的心里。"

每一个人都想要快乐的生活，但都抱怨快乐离我们太遥远。其实，如果用心去发现，就会知道快乐就在我们身边，它近在咫尺，我们不需要到任何地方去寻找，因为它就在我们心里。用心体悟自己的快乐，不需要浪费时间来寻找外在的快乐。

只要用心体会，你会发现其实快乐并不遥远，它就在我们的身边。倾听来自内心的声音，珍惜现在身边的生活。看似平淡普通的日子，也许背后藏着无限的乐趣。

生活中有许多苦，并且通常会聚积而来，令我们措手不及。年轻的我们难免要一一品尝：物质追求之苦——为了房、车和大把的钞票而四处奔波，绞尽脑汁；精神上的煎熬之苦——找不到奋斗方向的苦、理想和现实的差距之苦、得不到

认可的苦、心理上出现断层的苦、身体不适的苦、身心潦倒而心愿高洁的苦……

其实不是生活压力太重,不是我们的生活真的就是多么苦,而是我们不善用快乐之水冲淡苦味。其实,如果我们能够摆正自己的心态,以积极的面貌笑对人生,我们就会活得很快乐。

到底什么是真正的快乐呢?有一位很出名的大师说,任何一个人都可以盖一栋房子,也许是砖头造的,也许是木屋或者只是一堆破铜烂铁凑成的;但是这间房子不是永远的房子,因为它总有坏的一天,或是火灾、台风、地震,一下子一座高楼大厦就变成平地了;只有内心的平静才是我们真正的归宿。

当我们感到难过时,不要抗拒它,试着放松,看看除了恐慌,我们是否能够保持从容与镇定。不要对抗自己的负面情绪,只要我们很从容,他们就会像落日一样消失在夜幕中。

应当以适当的角度,来面对自己当前的苦恼,并明白世界总在不断地变好。只有一条路可以通往快乐,那就是停止担心超乎我们意志力之外的事。一般自己所忧虑的事情,99%压根儿就不曾发生过。

人活着,如果整天担心这个,忧虑那个,岂不活得太痛苦了吗?

坚持下去，总会成功

追求成功的过程就是追求自由的过程，就是不断奋斗和拓展人生空间的过程！

人们常常抱有这样一种看法，认为自己虽然遇上了许多困难，但这时只要再坚持一下，成功往往就会到来。

这个看法并没有错，但问题在于，如果我们选择的道路本身就存在着一些难以克服的问题，这个时候就不应该再坚持下去，不要一条道走到黑。

或许我们一直抱着这样一个观念：每一个成功的企业，差不多在开始的时候都出现过困难，渡过了难关之后，前面就是康庄大道。

其实，如果我们一开始就选择了错误的道路，遇到了困境，还一味地死撑下去，我们可能很快就会陷入破产的困境之中。

在这个时候，我们就需要转变思路，重新去寻找自己的

出路。法兰克·辛纳屈说得好:"我们重整旗鼓,再回到战场上,这就是人生……"我们不能自怨自艾、愁眉不展,我们要做的是重新振作起来,动手去做,做到事情有起色为止!失败和成功一样,都是人生的插曲,就像输与赢,都是生活的一部分。重要的是去思考,要如何才能在同一个跌倒的地方不再跌倒。只有这样,我们才会把眼光放得远一些,而不是坐井观天。

一只蝴蝶从敞开的窗户飞进来,在房间里一圈又一圈地飞舞,有些惊慌失措,显然,它迷路了。左冲右突努力了好多次,它都没有飞出房子。

这只蝴蝶之所以无法从原路飞出去,原因是它总在房间顶部的空间寻找出路,总不肯往低处飞——那低一点的位置就有敞开着的窗户。甚至有好几次,它都飞到离窗户至多两三寸的位置了,可就是不肯再飞低一点!最终,这只不肯低飞一点的蝴蝶耗尽了气力,气息奄奄地落在桌子上死去……成群结队的马嘉鱼要比那只蝴蝶更死板,简直就是一条道跑到黑。

渔人捕捉马嘉鱼的方法很简单:用一个孔眼粗疏的竹帘拦截鱼群。马嘉鱼的"个性"很强,不爱转弯,即使闯入罗网之中也不会停止,所以一只只"前赴后继"陷入竹帘孔中,孔愈

紧，马嘉鱼愈被激怒，瞪起眼睛，更加拼命往前冲，结果被牢牢卡死，为渔人所获。

常有人一方面抱怨人生的路越走越窄，看不到成功的希望，另一方面又因循守旧、不思改变，习惯在老路上继续走下去。这是不是有些像那只蝴蝶和马嘉鱼？其实，天生我材必有用，东方不亮西方亮。如果我们调整一下目标，改变一下思路，完全会出现柳暗花明又一村的无限风光。

飞机的发明者是莱特兄弟，在发明飞机之前，他兄弟两人读到高中时就放弃了学业，更没有受过大学之类的正规教育，但两人所具备的东西，却远远超过了比大学生、硕士、博士所拥有的更重要的东西，那就是他们知道人生应该如何走，在走到什么时候时应该停下来看看，然后不断地调整自己的人生方向。

在发明飞机之前，莱特兄弟对飞机的概念一无所知，因为他们只是在路边拾马骨头。他们曾到郊外捡拾马骨头卖给肥料公司，或捡拾一些废金属卖给废铁厂。然而，他们并没有把做这些事情持续下去，之后他们开设印刷厂发行报纸，但也以失败结束。最后他们开了一间规模很小的自行车车行，从事修理及贩卖。

第三章 做最好的自己

　　然而，无论做任何生意，两兄弟始终没有做成功，但他们却在为寻找自己的人生航向而不断探索。一个星期六的下午，两兄弟正坐在一个山坡上探讨人生的未来走向，当他们感到疲倦躺在一片阳光闪烁着的草地上时，他们突然看到有一只秃鹰在高空展翅飞翔，他们有了一种制造飞机的想法。不久，他们又观察到雄鹰的飞翔是随着上升气流振翅高飞，这为他们发明飞机做了很好的启示。

　　不久，他们就在自行车店里制作了风动试验场，开始实验机翼如何才能减少风阻的情形，他们也经常用放风筝的实验来加以完善。结果是完成了一架比风筝更大的滑翔机，他们把滑翔机搬运到北卡罗来纳州的基尔德比丘陵。

　　经过数年对滑翔机的不断改进后，莱特兄弟便将引擎装设在滑翔机上使其成为飞行机。

　　1903年12月17日，是人类历史上值得纪念的一天，莱特兄弟二人商议，由掷铜板决定谁先坐上飞行机，结果由弟弟奥维尔先上。当天上午10点钟，天空低云密布，寒风刺骨，被威尔伯·莱特和奥维尔·莱特兄弟俩邀来观看飞行的农民冻得直打

寒战，一再催促兄弟两快点飞行。

这次由奥维尔试飞，只见他爬上飞机，伏卧在驾驶位上。一会儿，发动机开始轰鸣，螺旋桨也开始转动。

突然，飞机滑动起来，一下子升到3米多高，随即水平向前飞去。"飞起来啦！飞起来啦！"几个农民高兴地欢呼起来，并且随着威尔伯，在飞机后面追赶着。

飞机在空中飞行12秒，飞行了36.5米后，稳稳地着陆了。威尔伯冲上前去，激动地扑到刚从飞机里爬出来的弟弟身上，热泪盈眶地喊道："我们成功了！我们成功了！"

45分钟后，威尔伯又飞了一次，飞行距离达到52米，又过了一段时间，奥维尔又一次飞行，这次飞行了59秒，距离达到255米。

这是人类历史上第一次驾驶飞机飞行成功，莱特兄弟把这个消息告诉报社，可报社不相信有这种事，拒不发布消息。莱特兄弟并不在乎，继续改进他们的飞机。不久，兄弟俩又制造出能乘坐两个人的飞机，并且，在空中飞了一个多小时。

消息传开后，人们奔走相告，美国政府非常重视，决定让

莱特兄弟做一次试飞表演。

　　1908年9月10日这天，天气异常晴朗，10点左右，弟弟奥维尔驾驶着他们的飞机，在一片欢呼声中，自由自在地飞向天空，两只长长的机翼从空中划过。飞机在76米的高度飞行了1小时14分，并且运载了一名勇敢的乘客。

　　人们昂首天空，呼唤着莱特兄弟的名字，多少代人的梦想终于变为现实。过后不久，莱特兄弟创办了一家飞行公司，同时开办了飞行学校，从这以后，飞机成了人们又一项先进的运输工具。

　　所以，无论我们个人的学习曲线在哪个阶段，总会有成长和改进的空间。最主要的是我们应该努力去发现自己到底适合什么样的工作。倘若我们知道了自己适合做的工作，就要善用自己的天分来采取行动，光是被动地坐等，永远也不能改变现状。

不要犹豫

《史记》说得好："狐疑犹豫，后必有悔。"该做的时候就立即去做，只要你认为是正确的，那就没什么好犹豫的。

为什么同样一篇课文在同样长的时间内有人就比别人背得多？为什么同时接到的工作任务，有人就能在规定的时间内圆满完成而其他人不能？为什么同样的学历和经历，有人的面试就能一次获得成功而其他人因为次数太多而成为可怜的失败者？那些喜欢为此寻找理由并且至今仍原地不动的人一定不知道这其中的缘由。

为什么呢？因为他们总是把过多的时间花在为自己的失败或者失意找理由上，以至于忽略了自己最初的行动就已经是落人一节了。成败有时候在起跑线上就已经分出来了。

聪明的人不善于也不需要去为自己做掩饰，因为他们能为自己的行为和目标负责，他们明白拖延是最没有价值最不应该

第三章　做最好的自己

拥有的东西。

面对认为是对的应该用心去做的事情，他们只会立即付诸行动不会有丝毫犹豫。

詹姆斯是一名普通的保险推销员，后来受聘于一家大型汽车公司。工作几个月后，他想得到一个提升的机会，于是直接写信向老板史密斯先生毛遂自荐。老板给他的答复是："任命你负责监督新厂机器的安装工作，但不加薪水。"詹姆斯没有受过任何工程方面的培训，也看不懂图纸，他觉得是老板在故意刁难他，但是，他并没有因此而降低自己对工作要求，也没有以不会看图纸为理由而怠工，而是充分发挥了自己的领导才能，组织技术工人进行安装，在工作中学习和提高，提前一个星期完成了工程。后来，他不仅获得了提升，薪水也比原来涨了10倍。

现实生活中，很多人都是自己使自己变成一个被动者的，他们想等到所有的条件都十全十美，也就是时机成熟了以后才行动。人生随时都是机会，但是几乎没有十全十美的。那些被动的人平庸一辈子，恰恰是因为他们一定要等到每一件事情都百分之百的有利、万无一失以后才去做。这是傻瓜的做法。我

们必须向生命妥协。相信手上的正是目前需要的机会，才会将自己挡在永远痴痴等待的泥沼之外。不管是机会，还是条件都是需要自己去努力争取才有可能获得的。

一般而言，找出事情"没经验、太困难、太费时间"等种种推脱的理由，确实要比"努力不懈、分秒必争、提高效率"这样的追求容易得多，但如果你经常为这些理由而推脱，那么本可以完成的变成不好完成甚至完不成的，那你就不可能顺利地完成一切事情，你的思想就会成为滋生懒惰的温床，这对你以后的人生显然是很不利的。这就印证了那句老话："天作孽犹可恕，自作孽不可活。"

有的学生在上自习的时候总是读小说睡大觉，认为作业和习题晚点做也没什么；有的老员工总是故意把本可以2个小时做完的工作慢慢延长到半天，认为这样的"充实"比早早做完又接别的工作的"傻瓜"来得精明；有的老年人想追点儿新潮，问子女聊天软件的使用方法，可任何时候也看不到他们在线……在我们的日常生活中有太多值得立刻去做而迟迟不做的事情，看起来似乎可有可无，实际上，错过的永远不只是一点点时间这么简单。今天的一点儿，明天的一点儿，后天……加在一起就是很多很多的时间，而这种浪费是会让人后悔和痛心

的，也是几乎不能挽回的。

学生学习的时候分秒必争，是为了在今后的人生里成为别人学习的榜样；员工工作勤恳而高效，是为了证明自己还有很多可以让自己生活得更好的能力；老人与时俱进尝试学习新东西，是为了"老有所用"的信念，为了拥有一个最美的"夕阳"。退一步讲，即使错过的只是时间，时间不也是我们最宝贵最不想错过的人生资源吗？它是不能回头的，就好比错过了机遇就很难成功一样。所以说，归根结底，没有什么是好迟疑的，好的事情就要"这就做"。

当作为学生的你有了强烈的主动意识，当工作后的你有了更强更好的奋斗信念，当年过花甲的你过上充实而新潮的人生，拥有年轻人一般活力的时候，回头看看吧，你会猛然发现，正是因为一个个不迟疑的选择，一个个干脆而坚定的回答，一次次立即的行动，才得到一个崭新的人生。"狐疑犹豫，终必有悔。"该做的时候就立即去做，只要你认为是正确的，那就没什么好犹豫的。

态度决定一切。

或许态度上的区别，将会决定你与别人之间有很大的差距。"是的，这就做"不是什么低声下气的回应，而是一个渴

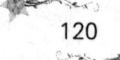

望成功的人所必须秉承的理念;"是的,这就做"不是什么毫无主见的应承,而是一个胸怀大志的人踏实上进的表现。"是的,这就做。"不是什么庸碌无为的应答,而是珍惜机遇,珍惜自我的人生态度诠释。如果哪天真的明白了这五个字,相信你会做得更好。

"是的,这就做。"你的成功人生也从这里开始。

做真正的自己，不盲从

美国著名思想家、散文家爱默生曾经说过："想成为一个真正的'人'，首先必须是个不盲从的人。你心灵的完整性是不容侵犯的……当我放弃自己的立场，而想用别人的观点去看一件事的时候，错误便造成了。"

爱默生写过一篇著名的散文《说自信》，他写道："在每一个人的教育过程之中，他一定会在某时期发现，不论好坏，他必须保持本色。虽然广大的宇宙之间充满了好的东西，可是除非耕作那一块给他耕作的土地，否则他绝得不到好的收成。他所有的能力是自然界的一种新能力，除了他之外，没有人知道他能做出什么和知道些什么，而这都是他必须去尝试求取的。"

每个人都有上限和下限，不管是肉体还是精神。

所以，一个聪明的人，就要先了解自己的极限，尊重自己的极限，不充"硬汉"。更不要让自己受制于这种荒谬的自尊里。

郭冬林演过的一个小品,是讲一个职员在单位因为职位低而常常被人看不起,后来他发现不管职位多高在买火车票的问题上都很困难,所以大家认为能在别人买不到车票的情况下搞到票的就很有本事。这个职员本来在火车站是没有熟人的,为了表明自己的能力,受到别人的重视,他硬是对别人说在火车票售完后依然能搞到票,结果就有很多同事和领导都请他帮忙,他是有求必应,一一答应了别人。而因为自己确实没有熟人,所以只好半夜三更就去排队买票,结果托他买票的人越来越多,他不得不自己贴钱买高价票,身体和精神受到了双重的疲劳。

这虽然只是一个小品,但是很好地教育了人们,不要承诺自己能力范围以外的事情,打肿脸充胖子,疼痛感只有自己知道,形象还不一定就好。倘若办到还好,倘若没有办到,费力不说还失去了信誉,这是多么傻的事情。

所以,现实生活中,每个人的能力是有限的,如果自己没有那个能力,就不要把事情往自己身上揽,就像有句古语说的:没有金刚钻,不要揽瓷器活儿。生活中有办不到的事情不是什么丢人的事情,就说明自己还有变得更加强大的可能,这

第三章　做最好的自己

难道不是一件好事吗？不怕不行，就怕没有改变，没有进步。

学生学习知识，会就是会。不会就是不会，不要不懂装懂，这样到最后害的还是自己；年轻人工作，做好本职范围内的事情是前提，对能力以外的事情夸海口，只会误事。

能力是你干成一件事情的必要条件，在条件不具备的时候不要贸然行动，否则就成了无谓的危险，也会招来众人的轻视，使自己的境况更为尴尬。

没有金刚钻，不要揽瓷器活儿。这句话的意思很明白地说明了这一观点。"金刚钻"是给瓷器上花纹做雕饰的时候必备的劳动工具，如果没有它，根本就无法进行这个环节的工作，这是必备的、不可或缺的。所以说，对自己有自信是一件好事，但是不能够盲目地自信，更不能为了达到某种目的而强加给自己很多没做过或根本不可能做到的事情，这不是敬业，而是犯傻。敬业是在能力范围内的全力以赴。在条件不具备的时候不要贸然行动，否则就会失去他人的信任，造成不必要的损失。

当然，也没有必要因为自己的能力不够而黯然神伤，每个人的能力大小不同，这是多方面综合的原因造成的，并不是什么错误。而且每个人的能力都是有限的，不然，世界就没有创新没有开拓，会变得十分无聊。因为当个人都变成了超人的时

候,超人就和普通人一样平凡。

  但是我们可以在意识到能力不够的时候,发挥自己的学习精神,不断地提高,成为一个相对别人而言更有能力的人,这就可以了。但是在这个过程中依旧要坚持实事求是的精神,有了金刚钻,咱们再揽瓷器活儿也不会晚,世间到处都是宝藏。

  有了金刚钻再揽瓷器活儿,揽得也会理直气壮,获得的也会实实在在。以后再有更难的"活儿"也不会犯难,不会害怕,因为自己已经有了"金刚钻"。

  作为一个人,只要认为自己的立场和观点正确,就要勇于坚持下去,而不必在乎别人如何去评价。

  美国巨富、世界旅馆大王威尔逊在他刚开始创业时,全部家当只有一台价值50美元的爆玉米花机,而且那还是他分期付款"赊"来的。到了第二次世界大战结束时,威尔逊才有了一点钱,那时他决定从事地皮生意。当时从事地皮生意的人并不多,因为战后人们都很穷,买地皮修房子、建商店、盖厂房的人并不多,地皮的价格一直很低。威尔逊的朋友们都反对干这种不赚钱的买卖。但威尔逊丝毫不改变自己的主意,他认为这些人考虑得很不长远,虽然当时美国经济还不景气,但美国是

第三章　做最好的自己

第二次世界大战的战胜国，它的经济很快会起飞的，地皮的价格一定会日益上涨，地皮升值是不可避免的。

于是，威尔逊用自己的全部资金再加一部分贷款买下了市郊一块很大的但却没人要的地皮。而且这块地皮地势低洼，不适合耕种，也不适合盖房子，没有人会对它有兴趣，可是威乐逊亲自到那里看了两次以后，以低价买下这片荒地。这一次，连他最亲近的母亲和妻子都出面干涉。威尔逊始终没有向她们妥协，他认为，美国经济很快就会繁荣，城市人口会越来越多，市区也将会不断扩大，买下的这块地皮一定会有巨大的升值潜力。

结果正如威尔逊预测的那样，三年之后，城市人口骤增，市区迅速向郊外扩展，宽阔的大马路一直修到了威尔逊那块地的边上，此时的人们才突然发现，此地的风景实在宜人，宽阔的密西西比河从它旁边蜿蜒流过，大河两岸，杨柳成荫，非常适合人们消夏避暑。于是，这块地皮马上价格飞涨，许多商人都竞相高价购买，但威尔逊并没有急于出手，而是自己在这地皮上盖起了一座汽车旅馆，命名为"假日旅馆"。

假日旅馆由于地理位置好，舒适方便，风景优美，开业后，游客盈门，生意非常兴隆。从那以后，威尔逊的假日旅馆便像雨后春笋般出现在美国及世界其他地方，这位高瞻远瞩的不盲从的人获得了巨大成功。

如果你用智慧的眼光看到一项并不被人支持的事物，或不随便迁就一项普遍为人支持的事物，而它又具有潜在的价值，如果你能坚持，这不是一件简单的事。但是，如果一旦这样做了，就一定会赢得别人的尊重，体现出自己的价值。

美国人曾经必须靠个人的决断来求取生存。在早期那些驾着马车向西部开发的拓荒者，遇到事情时并没有机会找专家来帮忙解决问题。不管是遇到紧急情况或任何危机，他们也只能依靠自己的智慧和力量；要想安顿家庭，没有建筑公司，完全得靠自己的双手；生病时，没有医生，他们便依靠常识或家庭秘方；想要食物，更是靠自己去耕种或猎捕。这些人，每当遇到生活上的各种问题，都得立即下判断，作决定。事实上，他们也一直做得很好。

现在的社会也是一个权威、专家充斥的社会。由于人们已十分习惯于依赖这些专家权威性的看法，所以便逐渐丧失了对自己的信心，认为专家的话都是正确无误的，以至于不能对许多事情提出自己的意见或坚持信念。这些专家之所以取代人们的社会地位,是人们让他们这么做的。

第四章

发挥自身潜能

发挥自身的能量

我们每个人的身体就像一座休眠的火山,还有许多的潜能没有被开发出来。只是我们不懂得如何去激发它、运用它,以至于它一直潜伏在我们的身体里,白白浪费了。其实我们原本可以生活得更好些、更轻松些,但是我们却不知道如何对自身的资源善加利用,如果我们将其充分利用起来,它将会成为我们实现人生目标的动力。

一位音乐系的学生走进练习室,他看见钢琴上摆着一份全新的乐谱。

"超高难度……"他翻动着,喃喃自语,感觉自己对弹奏钢琴的信心一下跌到了谷底。已经三个月了,自从跟了这位新的指导教授之后,他不知道,为什么教授要以这种方式整人。

勉强打起精神,他开始用手的十根指头奋战。琴声盖住了练习室外教授走来的脚步声。

指导教授是个极有名的钢琴大师。授课第一天，他给自己的新学生一份乐谱。"试试看吧！"他说。乐谱难度颇高，学生弹得生涩僵滞，错误百出，"还不熟悉，回去好好练习！"教授在下课时，如此叮嘱学生。

学生练习了一个月，第二次上课时正准备让教授验收，没想到教授又给了他一份难度更高的乐谱。"试试看吧！"关于上星期的课，教授提也没提。学生再次全力应对更高难度的技巧挑战。第三个月，更难的乐谱又出现了。它带回练习，接着再回到课堂上，重新面临两倍难度的乐谱，却怎么样都追不上进度，一点也没有因为上周的练习而有驾轻就熟的感觉。学生感到越来越不安、沮丧和气馁。

教授走进练习室。学生再也忍不住了。他必须向钢琴大师提出这三个月来何以不断折磨自己的质疑。

教授没开口，他抽出了最早的第一份乐谱，交给学生："弹奏吧！"

不可思议的事情发生了，连学生自己也感觉惊讶，他居然可以将这首曲子弹奏得如此美妙，如此精湛！教授又让学生试

第四章　发挥自身潜能

了第二堂课的乐谱，学生依然呈现出高水准的技巧……演奏结束，学生望着老师，说不出话来。

其实，我们每个人的体内都是有着这样的潜能的，只是我们自己浑然不知，只有在特定的环境下，这种潜能才能被激发出来，而一旦它爆发出来，连我们自己也会感到惊异。

有一位年轻的母亲在家照顾小孩，一天下午，儿子睡着之后，母亲趁这个机会去超市采购生活必需品，回来时，在巷子口遇到一位熟悉的邻居，便停下来聊了几句，就在这时，他发现儿子爬上了阳台，马上就要掉下来。这位母亲看到儿子有危险，马上扔掉手里的东西，飞奔而来，竟然奇迹般地接住了自己的儿子。后来专家们又请来别人做这个试验，但是没有一个人可以像那位母亲一样在那么短的时间里跑到出事地点并接住那么重的东西。

我们的体内不但隐藏着潜能而且这种能量是无限的。所以，我们要尽可能地激发出体内的这种潜能。一般情况下，一个人若处于一个绝望的境地，反而往往会激发出体内的潜能。所以，我们要学会对自己狠一点。

我是一个人来到北京的，来到北京后，遇到了很多困难，

有时候发现自己几乎已经处在绝境中了，所有的一切似乎都已无能为力，但每当紧要关头，我总是能想出办法将其化解，顺利地从中走出来，而且意志变得更加坚韧，心智变得更加成熟。所以每当静下心来，都对以前所面对的那些磨难充满感激。

我们只利用了我们自己资源的很小的一部分，甚至可以说一直在荒废。我们身体里蕴藏着的这些巨大的潜在能量，等待着我们去发现、去认识、去开发。这种能量，一旦引爆出来，将带给你无穷的信心和力量。

第四章　发挥自身潜能

发挥自身巨大的潜能

我们每个人都是独一无二的生命体，这个生命体本身就是一个奇迹，它生来就被赋予了巨大的潜能。只要我们正视自己，把握命运，善于挖掘自身的潜能，不依生命外在的东西束缚自己的命运，变不幸为财富，视缺陷为动力，不自卑，不困惑，那么我们每个人都是一个奇迹！

人这一辈子，需要一个机会让自己使尽全力，痛痛快快地拼一次！虽然可能损耗巨大，但却能换回无悔的人生。

你了解自己吗？

未知的自己就像等待开采的宝矿。也许在某个偶然的机会得到意外的收获后，会突然发现原来我还可以做这个。在可能的前提下做多样的尝试吧，你会发现自己还有很多原本具备却忘了使用的能力。而未知的潜能背后隐藏的往往就是成功的路。发掘自己身上的无限可能，这也是不变的人生追求之一。

更为重要的是，人虽然自夸人类文明的文化和教育，但对于思想的无形力量，却了解得很少，或者根本不了解。

其实，每个人都带着成为天才人物的潜力来到人世，你也带着幸福、健康、喜悦的种子来到人间，每个人都是如此。

人脑与生俱来就有记忆、学习与创造的莫大潜力，你的大脑也一样，而且能力比你所能想象的还要大得多。所幸的是，关于有形的头脑能将思想的力量转变为等价物质的复杂的作用，我们虽然所知有限，但还是进入了对此问题的启蒙时代。科学家们已开始将注意力集中在研究被称为头脑的这种了不起的功能上。科学家们研究发现，若是一个人能够发挥一半的大脑功能，就可以轻易学会40种语言、背诵整本百科全书，拿12个博士学位……。著名学者米德指出，一个人所发挥出来的能力，只占他全部能力的6%。也就是说，人类还有94%的能力尚未发挥出来。让我们来看一个小故事，初步体会一下这种不可思议的力量。

在一家农场，有一辆轻型卡车，农夫的儿子年仅14岁，对开车很感兴趣，有机会就到车上学一会儿，没过多久，他就初步掌握了驾车的技能。

有一天儿子将车开出了农场大院。突然间，农夫看到车子

第四章　发挥自身潜能

翻到水沟里去了，大为惊慌，急忙跑到出事地点。他看到沟里有水，而他儿子被压在车子下面，躺在那里，只有头的一部分露出水面。

这位农夫并不高大，也不是很强壮，但他毫不犹豫地跳进水沟，双手伸到车下，把车子抬高，让另一位来援助的农工把儿子从车下救了出来。事后，农夫就觉得奇怪，怎么一个人就把汽车抬起来了呢？出于好奇，他就再试了一次，结果是根本就抬不动那辆车子。

此事说明，农夫在危机情况下，产生一种超常的力量。这种力量从何而来呢？专家的解释是，身体机能对紧急状况产生反应时，肾上腺就大量分泌出激素，传到整个身体，产生出额外的能量。由此可见，人确实是存在极大的潜在体能。另外，农夫在危急情况下产生一种超常的力量，并不仅是肉体反应，它还涉及心智精神的力量。当他看到自己的儿子压在车下时，他的心智反应是去救儿子，一心只想把压着儿子的卡车抬起来，正是这种力量，使他的潜能得到了发挥。这说明，潜力是需要有效地激发才会彻底地显现出来的。

除此之外，人自身还有很多至今都无法完全揭示的现象和

能力。比如"心灵感应"。

《纽约时报》刊出一篇社论，报道杜克大学的莱因教授和他的同事，从数十万次实验中判定了"心灵感应"是否存在的问题。

因为莱因教授的这些实验，有些科学家似乎认为，"心灵感应"存在的可能性极大。有这样一个试验，要求实验者在一副牌里说出有什么牌。不许他们看着牌，也不许用其他的感官接触这些牌。这样发现约有男女60人，能够正确地说出许多张牌。他们若是碰运气瞎猜，绝没有千亿分之一猜中的机会。

但是他们是如何做到的？假定有某种力量存在的话，那么它们似乎并非是感官的，因为这些力量并没有我们已经知道的任何的器官。这些实验在相距数百里外的地方进行，同在室内进行一样的有效。

莱因认为，"心灵感应"事实上是同一种力量使然。也就是说，能够"看得见"扣在桌子上某张牌的能力和能够"知道"别人心思的能力，似乎是完全一样的。有几点理由可以证明这个事实。例如，到目前为止，发现凡是有其中一种能力者，必有另一种能力，而这两种能力的强度几乎完全相等。帘子、墙壁、距高等均不能阻碍这些能力。莱因以此得出结论

说，其他的超感觉经验、先知的梦、灾祸的预感等"预感"，也许可以证明为同一种能力的组成部分。

虽然这种能力不是所有的人都具备的，但是仍旧可以说明人类潜力的无限性和不可捉摸性。所以我们完全可以认为我们每个人的身上都有这种不确定性，我们每个人的潜能多少并不一样，但是发掘潜能的能力却是可以自我掌握的，倘若我们把潜能作用于潜意识中，那么一个人要想实现自己的人生目标，干出一番惊天动地的事业，需在树立自信，明确目标的基础上，进一步调整心态，开发潜能，这一点也极为重要。

当不能确定的时候，请相信一切的可能，因为未来就存在于这些可能之中。

挖掘生命的潜能

畅销书《世界上最伟大的推销员》的作者奥格·曼狄诺说:"我是自然界最伟大的奇迹。自从上帝创造了天地万物以来,没有一个人和我一样,我的头脑、心灵、眼睛、耳朵、双手、头发、嘴唇都是与众不同的。言谈举止和我完全一样的人以前没有,现在没有,以后也不会有。虽然四海之内皆兄弟,然而人人各异。我是独一无二的造化。"

苏格拉底的学院大门旁铭刻着一句话"了解你自己",意在提醒学子们认识一个重要的事实:你是独一无二的。和你拥有相同生物结构的人的存在概率小于五千亿分之一——没有人与你有相同的唇印、指纹以及耳朵或脚趾的纹印。医学已经证明没有另外的什么人与你拥有相同的血液构成。事实上,你就是一个独特的个体,拥有成就伟大事业的潜在能力,因为你能够进行逻辑推理,仅此一点,就把你与其他生命形式区别开

第四章　发挥自身潜能

来。

然而，现实中，我们当中大多数人都无法明白这样一个事实：每一个人身上都蕴藏着有待开发利用的巨大潜能。不知你是否还记得，当你还在求学时，每当学习一项新技能，开始的时候你都可能会想：这么难的事情我能学会吗？然而事实上，当你付出自己的努力之后，你就会发现，其实你不仅能够学会，而且还能做得很好。小时候，也许你不会穿衣，不会洗衣，但是一旦你学会了穿衣、洗衣，你就不会再忘记，因为你已经具备了这个能力，你的这个潜能已经被激发了出来，成了你的固有资源。但是，当你还是个孩子时，你就不得不在一次次摔倒后学会靠自己站起来。秘密在于你的这个潜能需要唤醒。因此，如果我们在某个领域里感到力不从心，那是因为我们给自己强加了种种限制，而且这种限制使得我们忘记了自己拥有强大的潜能。其实，如果能再试一次，或许就能够成功，但事实上，人们通常会因为觉得自己做不到而轻易地放弃了对自己潜能的开发。如果我们不能主动去发现自己的潜能并激发它，那么我们就很难发掘到生命所赋予我们的力量、想象力、远见力、洞察力、创造力以及才能和技艺，结果自然就会把我们没能发掘并加以利用的那部分从我们的身上拿走。

据说，在海洋的深处，有一种鱼，由于不需要看见外界，最终它们的眼睛退化了，这就是用进废退的道理。你的潜能一直存在于你的体内，如果你不能及早地激发它，你只能任由它慢慢地泯灭。

其实每一个人都具有天生的绝顶的潜能，没有什么能够阻止和限制我们的成功。在每一个人身上都蕴藏着待开发利用的潜能。爱因斯坦曾经说过，每个孩子生来都是天才。只要肯发掘，每个人总会发现自己在某一方面会有超常表现。

中国著名的配音演员李扬被戏称为"天生爱叫的唐老鸭"。但是早年的李扬并不是一帆风顺的。李扬在初中毕业后参了军，在部队当一名工程兵，他的工作内容是挖土、打坑道、运灰浆、建房屋。虽然他干的活儿跟文学和艺术一点边都沾不上，但他明白自己身上潜在的宝藏还没有开发出来：那就是在自己一直钟爱的影视艺术和文学艺术方面的才能。

当时，很多人都认为李扬这一辈子都不可能与文艺沾边，在一般人看来，这两种工作简直是风马牛不相及，但李扬却坚信他在这方面有潜力，就应该好好把握，并且努力把它们发掘出来。有了这种想法，李扬就抓紧时间学习，认真读书看报，

第四章　发挥自身潜能

博览众多的名著剧本,并且尝试着自己搞些创作。退伍后李扬成了一名普通工人,但是他仍然矢志不渝地追求自己的目标。没过多久,大学恢复招生考试,李扬考上了北京工业大学机械系,变成了一名大学生。从此,他用来发掘自己身上宝藏的机会和工具就一下子多了起来。不久,经几个朋友的介绍,李扬就在短短的五年中参加了数部外国影片的译制录音工作。李扬,这个业余爱好者,凭借着生动的、富有想象力的声音风格,参加了《西游记》中的美猴王的配音工作。1986年,他迎来了自己事业中的辉煌时刻。当时动画片《米老鼠和唐老鸭》正风靡世界,此时,他们需要招聘汉语配音演员。当时风格独特的李扬一下子被迪斯尼公司相中,为可爱滑稽的唐老鸭配音,从此一举成名。

成功后的李扬说,他之所以成功,是因为他一直没有停止过挖掘自己的潜能。

著名的畅销书作家张其金先生,他被称为"中国计算机宏观市场的专家""中关村的传奇",在他上中学时,由于学习成绩平平,故一直不被老师看好,认为他很难做出什么大事来,他的数学老师曾对他说:"你这样腼腆,你将来如何能成

大器？你写的东西乱七八糟，还想出书，简直是做梦。"

面对老师的打击，小小年纪的张其金并不为自己作任何辩解，但在幼小的心里却暗下决心：一定要好好学习，学有所成，做出一番事业来证明给他看。因为他不相信自己真的如老师所说的那样糟糕，他相信自己身上蕴藏着巨大的潜能，只是还没有被挖掘出来罢了。

从此，他用功学习，努力反思自己成绩上不去的原因，找准学习的正确方法，发现原本很难学会的东西如今竟可以不费什么力气就学到了手，原本怎么记也记不住的东西也在此时变得轻而易举地就记牢了，终于，他以优异的成绩考入全国最著名的学府北京大学。在进入北大的同一年，还被国家几个部委联合授予"全国优秀文艺工作者"称号。

步入工作岗位之后，他的才华和潜能更是得到淋漓尽致的发挥，他不仅在软件业做出突出成绩，为红塔集团、联想、东软等众多企业做出影响巨大的战略设计，还出版了长时间占据畅销书榜首的《东软密码》《中关村风云》《如何造就中国的微软》等专著，这些辉煌的成就足以证明他是个聪明而且有才

第四章　发挥自身潜能

干的人。张其金曾说:"潜能如金,只要你去挖,总可以挖到的。任何成功者都不是天生的,成功的根本原因是开发了人的无穷无尽的潜能。只要你抱着积极的心态去开发你的潜能,你就会有用不完的能量,你的能力就会越用越强。"

发明家爱迪生一生只上过三个月的小学,读书时的爱迪生并不受老师的喜欢,因为他总问一些古怪的问题使得老师处于尴尬地步,于是,无比讨厌爱迪生的老师有一次在见到他母亲时,竟然当着他母亲的面说他是个傻瓜,将来不会有什么出息。母亲一气之下让他退学,由她亲自教育。这时,爱迪生的天资得以充分地展露。在母亲指导下,他阅读了大量的书籍,从此走上科学发明之路。一个刚刚求学的孩子竟然遭到老师的否认,还有什么会比这更让人难以忍受?然而爱迪生的妈妈不相信自己的儿子是个傻瓜,因为她深信每一个人身上的潜能都是平等而巨大的,只是否认自己的人没有发现罢了。终于,这个曾经被认为是傻瓜的孩子发明出了世界上第一枚灯泡,为人类带来了无限的光明。

当一个人行走在自己的生命之路上时,可能会面临一次又一次的苦难,也可能会陷入一系列的困难中。刚开始他可能

会使尽全力和这样那样的麻烦抗争，不久，当困难一直挥之不去的时候，他可能形成这样一种生活态度：人生是艰难的，生活所发的牌总是跟他过不去……那么，做这样那样的事情有什么用呢？以至于他就会灰心丧气，认准无论自己怎么做，都不会有什么好事。这样，当他想在生活中取得成功的梦想破灭之后，便将注意力转移到子女身上，希望他们的人生会是另外一种样子。有时，这会成为一种解决问题的方式，然而孩子们又会陷入和父辈们相同的困扰中。一次又一次地，他得出结论：只有一个办法能解决问题，那就是用自己的双手结束自己的生命——自杀。自始至终，他都没有能够发现那种可能改变自己人生的巨大潜能。他没有能够分辨出这种潜能，甚至并不知道这种潜能的存在……他看见成千上万的人在以和他相同的方式与命运抗争，然后他认为那就是生活。

像这样的事情在我们的生活中还存在着很多。有很多人，每当他们在遭受到挫折的时候，就开始抱怨命运不济，开始厌倦生活，认为是周围的人对不起他，认为是这个世界运转的方式在与他作对。但他可曾想到这一切的发生，就是因为他没有开发出自己的潜能，没有认识到自己身上还有很多使他获得新生的潜能。所以，对于我们每一个人来说，只要发现了自己的

潜能，我们就会产生出一种伟大的力量，就会做出惊天动地的事情来。总之，只要我们把自己的潜能应用得当，就会产生一种爆发力，我们就能泰然自若地处理好每一件事，就会给心灵一种平静，这种平静能够让我们感觉到没有痛苦。

有很多次我们已经触摸到了巨大的潜能却没有认出它，有很多次巨大的潜能就握在我们手中而我们却把它扔掉了，有很多次我们目睹了巨大的潜能在面前得到展现，然而，我们却没有注意到它，没有注意到它可能带给我们的种种益处。我们一直以为我们没有可以改变命运的潜能，但是它其实就在我们面前，只是我们从来没有正视过它，更没有用心去挖掘它、利用它。

美国心理学家威廉通过调查研究指出，一个普通人在其一生中只运用了其能力的10%，还有90%的潜能没有被利用。20世纪60年代，美国学者米德则指出一个人的一生只使用了其自身能力的6%。同时，苏联学者伊凡也认为："如果我们迫使头脑开足一半马力，我们就会毫不费力地学会40种语言，把苏联百科全书从头到尾背下来，完成几十个大学的必修课程。"

有一句这样的话说："在命运向你掷来一把刀的时候，你可能会抓住它的两个地方：刀口或刀柄。"如果你选择抓住刀口，那么它就会割伤你，甚至使你送命；但是如果你抓住刀

柄，你就可以用它来劈开一条属于自己的大道。因此，当遭遇到命运的大障碍时，你要抓住它的柄，换句话说，让挑战激发你的潜能。只要你能发挥你充足的潜能，并把它付诸行动，你就一定可以战胜任何的艰难。

因此，请时刻记得，人的潜能犹如一座待开发的金矿，蕴藏无穷，价值无比，这是上帝赋予每个人均等的能力。我们每一个人都有一座潜能金矿，不论是何种潜能，一旦你开始运用，就会如同启动开关按钮般，立刻在心底涌起某方面的自信，从而做出意想不到的成绩。

这就是说，不是我们不能够走向成功，只是因为我们还没有把自身的潜力发挥出来。任何一个人，只要发挥出了足够的潜力，就能成就一番惊天动地的伟业，就能够走向成功的巅峰。

每个人都有巨大的潜能！挖掘你的潜能吧！

第四章　发挥自身潜能

善用你的潜能

善用你的潜能，就是善用你更多的力量，不论是一般的员工，还是企业的管理者，每个人都应该在各方面尽量灵活运用自己的这项特殊潜能。

金无足赤，人无完人，每个人身上都有弱点，所以大部分的人也都怀着自卑在生活。自卑的人其实都能认识到自己的问题所在，但就是克服不了它，所以整天闷闷不乐，而自身的发展也就受到一些影响。

实际上，任何人都拥有特殊的能力或才能，不管怎样愚笨的人，都有他自己能够做到的事情。但是大多数人却忽略了这一点，而只注意自己的弱点，于是他身上潜在的能力就这样继续沉睡下去。

太过注重自己身上的弱点就会导致自卑，而自卑又会给我们的心灵设限；而心灵上的自我设限，又阻碍了我们的才能的

充分发挥。

科学家曾做过这样一个有趣的实验：

他们把一只跳蚤放在桌子上，一拍桌子，跳蚤迅速跳起，跳起的高度均在其身高的100倍以上，堪称世界上跳得最高的动物！

然后在跳蚤的头上放一个玻璃罩，再让它跳，这一次跳蚤碰到了玻璃罩。连续多次后，跳蚤改变了起跳的高度以适应环境，每次跳跃总保持在罩顶以下的高度。

接下来逐渐降低玻璃罩的高度，跳蚤都在碰壁后主动改变了自己跳跃的高度。最后，玻璃罩接近桌面，这时跳蚤已无法再跳了，科学家于是把玻璃罩打开，再拍桌子，跳蚤仍然不会跳，变成"爬蚤"了。

跳蚤变成"爬蚤"，并非它已丧失了跳跃的能力，而是由于它在一次次受挫后学乖了、习惯了、麻木了。

最可悲之处在于，实际上的玻璃罩已经不存在了，它却连"再试一试"的勇气都没有了。玻璃罩已经在潜意识里，罩在了它的心灵上，科学家把这个现象叫作"自我设限"。

其实我们每个人身上都有比现在做得更好的能力，只是我们的心灵禁锢了我们的思想。而我们的思想又禁锢了我们的能

第四章　发挥自身潜能

力。如果我们能够冲破这种界限，正确地对待自己，就能将自身的潜能释放出来。

富兰克林·罗斯福小时候是一个脆弱胆小的男孩，脸上显露出一种惊恐的表情。如果被喊起来背课文，立即会双腿发抖，嘴唇颤动。

如果是其他的孩子，他肯定就会紧紧抱着自己的缺点，然后把自己深深地隐藏起来，逃开任何人的视线，让自己沉浸在自卑的泥潭里。

但伟人之所以可以成为伟人，就是因为他们比别人更有勇气，他们身上的弱点和缺陷不仅不会将他们打垮，反而可以激发出他们体内的潜能和勇气。

他不把自己当成有缺陷的人，而把自己当成一个正常的人。他看见别的强壮的孩子玩游戏、游泳、骑马、玩耍或进行其他一些激烈的运动，他也去做，他要使自己变为最刻苦耐劳的典范。如此，他也觉得自己勇敢了。当他和别人在一起时，他觉得他喜欢他们，不愿意回避他们。由于他对人感兴趣，自卑的感觉便无从发生。他觉得当他用"快乐"这两个字去对待别人时，就不会有惧怕别人的神情了。

他虽然有些缺陷，但他从不自怜自哀。相反，他相信自己，他有一种积极、奋发、乐观、进取的心态，这种心态激发了他的奋发精神。

他的缺陷促使他更努力地去奋斗，而不为同伴的嘲笑失去勇气，他喘气的习惯变成一种坚定的嘶声，他用坚强的意志，咬紧自己的牙床使嘴唇不颤动而克服了惧怕的心理。而他正是凭着这种奋斗精神，凭着这种积极心态成为美国总统。

他不因自己的缺陷而气馁，他甚至将自己的缺陷变为资本、变为扶梯而爬到成功的巅峰。在他的晚年，已经很少有人知道他曾有严重的缺陷。美国人民都爱戴他，他成为美国最得人心的总统，这种情况是前所未有的。

人人都有脆弱之处，但睿智进取者却能坦诚面对自己的弱点与死角。如果你有弱点，要有勇气去承认它，然后通过各种渠道去战胜它。人类最大的弱点就是自贬。

一件事物太过完美，也就缺少了发展的空间，而一个人若失去了发展的空间，也就没有了存在的意义。我们每个人的身上都有一些缺陷，而这些缺陷，就像一道道堤坝，挡住了我们身上暗涌的洪流，使它越聚越多，一旦涌出，便可有千钧之力，所以，缺陷往往可以激发我们体内的潜力。如果密尔顿不是瞎了双眼，可能写不出那么优美的诗篇来；如果贝多芬不是耳聋了，可能谱不出那么伟大的曲子；如果海伦·凯勒没有瞎和聋，可能不会有今天光辉的成就。正如威廉·詹姆斯所说，"我们的缺陷对我们有意外的帮助"。

放下心中的恐惧

生活中有许多恐惧和担心是由我们内心想象出来的,在很多时候,我们害怕自己没有能力做好一件事,是因为我们没有勇气去尝试,因为我们失去了信心。相反,只要我们拥有良好的心态,那么成功就将是我们的。

如果你以积极的心态去思想和行动,并且相信成功是你的权利的话,你的信心就会使你制定明确的目标。但是如果你接受了消极心态,并且满脑子都是恐惧和挫折的话,那么你所面临的结果也只能是恐惧和失败而已。

恐惧多半是心理作用,但是它确实存在,并且是发挥潜能的头号敌人。行动可以治愈恐惧、犹豫,拖延只会助长恐惧。

如何才能克服恐惧心理呢?最好的方法就是跟潜能连接。人的潜能拥有无限的能量,一个人的心灵若能和潜能对接,就可得到其无限力量的供给,使你增强信心并底气十足。

第四章　发挥自身潜能

从前有一个人,他从未见过海,非常想看一看海。有一天,他得到一个机会。当他来到海边时,那儿正笼罩着雾,天气也很冷。他想:"啊,我不喜欢海,幸亏我不是水手,当一个水手太危险了。"

在海岸上,他遇到一个水手,他们交谈了起来。

"你怎么会爱海呢?那里弥漫着雾,又很冷。"

"海不是经常都冷和有雾。有时,海是明亮而美丽的。但不管海上的天气是什么样的,我都爱海。"水手说。

"当一个水手很危险吗?"这个人问。

"当一个人热爱他的工作时,他不会想到什么危险。我们家的每一个人都很爱海。"水手说。

"你的父亲在何处呢?"

"他死在海里了。"

"你的祖父呢?"

"死在大西洋里了。"

"你的哥哥呢?"

"他乘坐的船翻在印度洋里了。"

"既然如此，如果我是你，就再也不会回到海里去了。"

水手问道："你愿意告诉我你父亲死在哪里了吗？"

"啊，他在床上断的气。"这个人回答说。

"你的祖父呢？"

"也是死在床上。"

"这样说来，如果我是你，"水手说，"我就永远也不会睡到床上了。"

天下本就没有什么绝对的事情，所有的事情都是相对的，就看你以怎样的心态去对待。所以，有些人可以苦中作乐，有些人身在福中却备受煎熬。

我们人类曾经征服了自然，但是，却无法征服自己。内心的恐惧，就是我们最大的敌人。因为恐惧，我们选择了放弃；因为恐惧，我们与成功失之交臂。

1952年，世界著名的游泳好手弗洛伦丝·查德威克从卡德林那岛游向加利福尼亚海滩。两年前，她曾经横渡过英吉利海峡，现在，她想再创一项纪录。这天，当她游近加利福尼亚州海岸时，嘴唇已冻得发紫，全身一阵阵地寒战。她已经在水里泡了好几个小时。远方，雾气茫茫，使她难以辨认伴随着她的

第四章 发挥自身潜能

小艇。

查德威克内心的恐惧一点点地扩大，慢慢地将她吞噬，她感到实在坚持不住了，便向船上的人求救，其实当时她离目的地只有一英里远的距离，她只要稍稍坚持，还是可以成功的，但恐惧让她选择了放弃。

后来，她告诉记者说，如果当时她能够看到陆地，她就一定能坚持游到终点。大雾阻止了她夺取最后胜利的信心。

这件事过后，她认识到，妨碍她成功的不是大雾，而是她内心的恐惧。是她自己让大雾挡住了视线，迷惑了心性。她是被恐惧给俘虏了。

两个月后，查德威克又一次尝试着游向加利福尼亚海岸。浓雾还是笼罩在她的周围，海水冰冷刺骨，她同样看不到陆地。但这次她坚持着，她知道陆地就在前方。她奋力向前游，因为陆地在她的心中，她终于成功了。

信念激发潜能

现实社会中的那些成功者,他们都是从一个小小的信念开始的。因为一个人的信念能够激发你身上还未开发的潜能,让你的能力得到提升。另外,只要你的信念形成了,就会成为伴随你一生的动力,永远让你向前奋进。

一个人做任何事都不是没有原因的,我们做的每一件事都是根据自己的信念,有意或无意地导向快乐或避开痛苦。如果你希望能够彻底改变自己旧有的习惯,那么就需从掌握行为的信念着手。

信念可以激发潜能,也可以毁灭潜能,就看你从哪种角度去认识它。

事实上,信念可以算是我们人生的引导力量。当我们人生中发生任何事情时,脑海中便会浮现出一些印象,而这些印象便会指导我们的行为。信念就像指南针,为我们指出人生的方

向，决定着我们人生的品质。

丽莎几乎无所不能，她是个活力四射、朝气蓬勃的女性，她会打网球，缝制孩子们所有的衣服，还为一家报纸撰写专栏。

她生性开朗乐观，只要有她在，快乐的气氛就会被点燃；她爱热闹，不停地举办各种各样的宴会，然后找来一大堆朋友；她热爱生活，会把屋子装扮得别致温馨，更会把自己打扮成一个魅力四射的女人。

可是在她31岁的时候，她的生活发生了变故。

因为生了一个良性脊椎瘤导致她全身瘫痪，被困在医院的病床上，从此以后，她便永远不能恢复以前的样子了。

她曾经抱怨过，也曾经绝望过，但后来，她努力说服自己接受这个现实，勇敢地面对生活。她尽一切努力学习有关残疾人的知识，后来她发起成立了一个名叫残疾社的辅导团体。

由于丽莎乐观地接受了她的处境，她也很少对此再感到悲伤或怨恨。

后来，丽莎毛遂自荐到监狱里去教授写作。只要她一到，囚犯们便围着她，专心聆听她讲的每一个字。

她甚至在不能再去监狱时仍与囚犯通信，她给一个叫韦蒙

的囚犯写过一封信，信的内容是这样的：

亲爱的韦蒙：

自从接到你的信后，我便时常想起你。你提起关在监牢里多么难受，我深为同情。可是你说我不能想象坐牢的滋味，那我觉得你非说错了不可。

监狱是有许多种的，韦蒙。

我31岁时有天醒来，人完全瘫痪了。一想到自己被囚在躯体之内，再也不能在草地上跑或跳舞或抱我的孩子，我便伤心极了。

有好长时间，我躺在那里问自己这种生活值不值得过。我所重视的东西，似乎都已失去了。

可是，后来有一天，我忽然想到我仍有选择自由。看见我的孩子时应该笑还是应该哭？我应该咒骂上帝还是请他加强我的信心？换句话说，我应该怎样运用仍然属于我的自由意志？

我决定尽可能充实地生活，设法超越我身体的缺陷，扩展自己的思想和精神境界。我可以选择为孩子做个好的榜样，也可以在感情上和肉体上枯萎死亡。

第四章 发挥自身潜能

自由有很多种，韦蒙。我们失去了一种，就要寻找另一种。

你可以看着铁槛，也可以成为年轻囚友做人的榜样；也可以和捣乱分子混在一起；你可以爱上帝，设法认识他，你也可以不理他。

就某种程度上说，韦蒙，我们命运相同。

多么平凡而伟大的一位女士啊，如果不是信念的指引，她又怎能谱写出如此华美的生命乐章？

一个人拥有绝对的信念是最重要的，只要有信念，力量会自然而生。

在一片茫茫无垠的沙漠上，一支探险队在那里负重跋涉。

阳光剧烈，风沙漫天。口渴的队长从腰间拿出一个水壶说："这里还有一壶水，但穿越沙漠前，谁也不能喝。"

一队只有一壶水。

那水壶从探险队员们的手中依次传递开来，沉甸甸的。一种充满生机的幸福和喜悦在每个队员濒临绝望的脸上弥漫开来。

终于，队员们凭着那壶水带给他们的精神和信念，一步步挣脱了死亡线，顽强地穿越了茫茫沙漠。他们喜极而泣的时

候，突然想到了那壶给了他们精神和信念以支撑的水。

当他们打开壶盖时，发现流出来的却是满满一壶的黄沙……

这就是信念的力量！

第四章　发挥自身潜能

年龄与潜能没有直接的联系

你一定常听人说，"这是一个年轻人的世界"。迅速浏览一下历史，你会发觉这句话的确不差。

举例来说，林登伯格在25岁时就成为世界上第一个直飞大西洋到巴黎的人；约翰·保罗钟斯在22岁时就当上海军上校；拿破仑在23岁以前就已经是炮兵队队长；爱伦·坡18岁时已经是举世闻名的诗人；崔西·奥斯汀16岁就赢得了美国网球公开赛的冠军；亚历山大大帝26岁时征服了当时已知的世界；艾利·惠特尼28岁时成功地改造了轧棉机。

我们也常听到5岁的天才孩童解决了令大学教授迷惑的数学公式；在30岁前完成不凡之举的人不胜枚举。

这证明了我们的世界是属于年轻人的世界。这句话对吗？我们将证明这世界也属于老年人，甚至中年人。事实上，这个世界是属于"你"的世界，不论你年龄多大。

柯马多尔一直到70岁时才被世人公认为铁路大王,他88岁高龄时,还是当时铁路界最活跃的人;苏格拉底80岁时开始学音乐;巴斯卡在60岁时发现狂犬病医疗法;哥伦布发现新大陆时也年逾50;伏尔泰、牛顿、斯宾塞以及汤玛士·杰弗逊都在80岁之后到达事业的巅峰。摩西祖母在90岁后才获得名望和成功;伽利略在73岁时才发现月球每天、每月的盈亏……这样的例子不胜枚举,而蒂尔达就是一个不服老的典型。

蒂尔达生长在田纳西州东部的山区。她一直在只有一间教室的学校念书到八年级,结果因为当地没有高中,她又念了一年八年级。后来她做了一所教会学校的厨子。就在那时,她决心要重回学校念书。当她去高中注册时已经32岁了——有丈夫、三个孩子、工作以及一个家需要照顾——五年后她毕业了,后来又拿到一张大学文凭。

蒂尔达希望帮助山区的孩子,使他们不再遭遇自己过去的问题。她想为他们建立学校,但她没有基金,也没有教室,因此蒂尔达自愿免费在露天教书;接着她又为一个儿童发展中心筹募到经费,那个中心在有26%失业率的镇上雇用了600名员工。当蒂尔达在华盛顿获得"杰斐逊公共服务优异奖"时说:

第四章　发挥自身潜能

"每个人都有才能。如果我能做到，你也能。"

人生的成就并非决定于你的遭遇如何，而是决定于你面对遭遇时的态度。

95岁的海伦说：就算是拿不到文凭，她的高中生活依然是生命中非常美好的一页。当年她和其他五个同学因为学校的缘故，一直没有收到文凭。但是海伦最后还是领到了文凭。1983年5月，海伦太太，这位缅因州南汤玛士顿城最老的居民，也是她那一届高中唯一健在的毕业生，终于领到了文凭——一张迟了76年的文凭。

一个人编织梦想，学习新知识，甚至改变生活形态都永远不嫌太迟。

卡尔在64岁时决定改行。他由原来非常成功的租车业转行当顾问。他的目标是将他的服务卖给10位顾客，1983年3月时卡尔就达到这个目标了。

如今他发行了一份月报，辅导1200位订户。他每年平均在全国各地的研讨会演讲100次。

卡尔目前已经75岁了。

人们永远可以编出各种理由——太老、太年轻，或者性

别、年龄不合适。开创生活虽然不是很容易,但却能带给你无穷的回报。你无法使时光停止,但是可以停止消极悲观的思想,立即开始运用自己的潜能,你就能得到你所追寻的。

第四章　发挥自身潜能

不要在意他人的评说

　　安东尼·罗宾说得好，人类生来是为了成就事业，每个人的生命里都有一颗伟大的种子。这其中自然也包括你。你是一个有价值的人，有能力创造美好事物。

　　然而，如果你只听到别人说你不够资格，你多半会相信他们的话。如果别人不断告诉你，要赢得大家的认可，你也一定会照着去做。如果别人每天告诉你，你是二等公民，你很可能会开始同意他的话。

　　传道士比尔在监狱传福音时得知，有90%的犯人，他们的父母都经常告诉他们，不论他们如何努力，到头来总会又回到监狱！汤姆·穆勒的一本书中提到一个叫爱米的年轻女孩，她在学校一直保持A的成绩。如果得到B，她的父母就会十分沮丧。爱米在写给父母的一封信中说道："如果我得不到A，我就是一个失败的人。"这句话正是她书中的一部分。

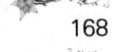

外在环境灌输给我们的观念，直接影响我们的行为。

佛兰在1961年加入了职业足球队。专家给他的评价实在不怎么令人兴奋，但是他是唯一不相信外界评价的人。

那份评价报告说他"做总指挥身材嫌太小，双脚动作太慢，而且太弱——无法承受处罚"。

读了这份专家报道后，你可能认为这位年轻人应该放弃竞争激烈的足球生涯，求取一份平稳的工作。

如果你读了一份有关自己的如此报道，会做何感想呢？但佛兰是位有决心的人。他不但成功地留在球队，而且在短期内成为最佳球员。他不但成为第一控球手，还获得最佳夺球手和最佳传球手的美誉。

佛兰不仅是美国足球联赛中任期最长的一位控球手，他的传球码数更超过足球史上任何一位控球手。这位明尼苏达州维京队的佛兰的确是美国足球史上了不起的球员。

安东尼·罗宾告诉我们，即使外界给你不好的评价，你也不要放弃自己。

毕竟你是唯一能够决定如何开发自己潜能的人。

第四章　发挥自身潜能

超越缺陷就能发挥潜能

芭芭拉·史翠珊是个才华横溢的艺术家，年轻时她不断追求影视艺术上的成功，当时她希望有人能让她上台。但他们都拒绝了她，并强调地说道："你，也想当明星？也不听听你那口音，再瞧瞧你那鼻子！"她怒冲冲地向他们说道："你们会遗憾的！走着瞧，你们会遗憾的！"后来，事实证明他们判断失误，因为她成了当代最伟大的表演艺术家之一。

这一切就因为她藐视自己的缺陷。你能超越你的缺陷吗？

有一位农夫买下了一片农场，刚开始，他觉得非常颓丧，那块地既不能种水果，也不能养猪，能生长的只有白杨树及响尾蛇。然后他想到了一个好主意，要把他所有的变作一种资产——他要利用那些响尾蛇。他的做法使每一个人都很吃惊，因为他开始做响尾蛇肉罐头。几年后，人们发现每年来参观他

的响尾蛇农场的游客差不多有两万人。他的生意做得非常大。由他养的响尾蛇所取出来的蛇毒,运送到各大药厂去做蛇毒的血清;响尾蛇皮以很高的价钱卖出去做女人的鞋子和皮包;装着响尾蛇肉的罐头送到全世界各地的顾客手里;为了纪念这位超越不利因素的农夫,这个村子后来改名为佛州响尾蛇村。

已故的威廉·波里索,也就是《十二个以人力胜天的人》一书的作者,他曾经这样说过:"生命中最重要的一件事就是不要把你的收入拿来算作资本。任何一个傻子都会这样做,但真正重要的事是要从你的损失里去获利。这就需要有才智才行,而这一点也正是一个聪明人和一个傻子的真正区别。"

波里索说这段话的时候,刚在一次火车失事中摔断了一条腿。

还有一个断掉两条腿的人,他的名字叫班·符特生。记者是在乔治亚州大西洋城一家旅馆的电梯里碰到他的。在记者踏入电梯的时候,他们注意到这个看上去非常开心的人,他的两条腿都断了,坐在一张放在电梯角落里的轮椅上。当电梯停在他要去的那一层楼时,他很开心地问记者是否可以往旁边让一下,让他转动他的椅子。"真对不起,"他说,"这样麻烦您。"他说话的时候脸上露出一种非常温和的微笑。

第四章　发挥自身潜能

"事情发生在1929年，"他微笑地说，"我砍了一大堆胡桃树的枝干，准备做我的菜园里豆子的撑架。我把那些胡桃木枝子装在我的福特车上，开车回家，突然间，一根树枝滑到车上，卡在引擎里，恰好是在车子急转弯的时候。车子冲出路外，把我撞在树上。我的脊椎受了伤，两条腿都麻痹了。

"出事的那年我才24岁，从那以后就从来没有走过一步路。"才24岁就被判终身坐着轮椅生活。当问他怎么能够这样勇敢地接受这个事实时，他说："我以前并不能这样。"他当时充满了愤恨和难过，抱怨他的命运，可是时间仍一年年地过去，他终于发现愤恨使他什么也做不成，只能产生一种恶劣态度。"我终于了解到。"他说，"大家都对我很好，很有礼貌，所以我至少应该做到的是，对别人也很有礼貌。"有人问他，经过了这么多年以后，他是否还觉得他所碰到的那一次意外是一次很可怕的不幸？他很快地说："不会了，"他说，"我现在几乎很庆幸有过那一次事情。"当他克服了当时的震惊和悔恨之后，就开始生活在一个完全不同的世界里，他开始看书，对好的文学作品产生了喜爱。他说，在14年里，他至少

读了1400多本书，这些书为他带来很新的境界，使他的生活比他以前所想到的更为丰富。

他开始聆听很多好音乐，以前让他觉得烦闷的伟大的交响曲，现在都能使他非常感动。最大的改变是他现在有时间去思考。"有生以来第一次，"他说："我能让自己仔细地看看这个世界，有了真正的价值观念。我开始了解，以往我所追求的事情，很大部分实际上连一点儿价值也没有。"

看书的结果，使他对政治有了兴趣。他研究公共问题，坐着他的轮椅去发表演说，由此认识了很多人，很多人也由此认识他。后来，班·符特生——仍然坐着他的轮椅——当上了佐治亚州政府的秘书长。

愈研究那些有成就者的事业，就愈加深刻地感觉到他们之中有非常多的人之所以会发挥潜能获得成功，是因为他们开始的时候有一些会阻碍他们发挥潜能的缺陷，促使他们加倍地努力而得到更多的报偿。

正如威廉·詹姆斯所说的："我们的缺陷对我们有意外的帮助。"不错，很可能密尔顿就是因为瞎了眼，才写出这么好的诗篇来，而贝多芬就是因为聋了，才做出这么好的曲子。海

第四章　发挥自身潜能

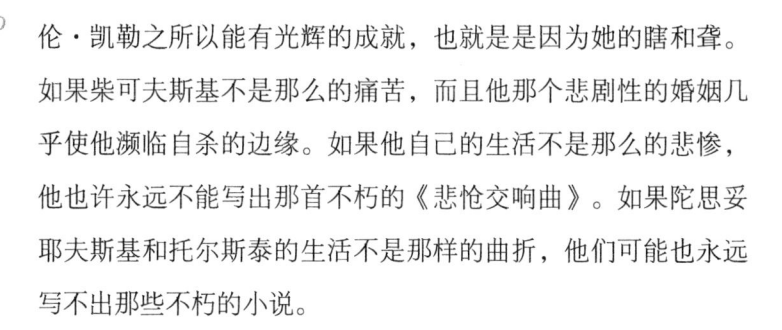

伦·凯勒之所以能有光辉的成就，也就是是因为她的瞎和聋。如果柴可夫斯基不是那么的痛苦，而且他那个悲剧性的婚姻几乎使他濒临自杀的边缘。如果他自己的生活不是那么的悲惨，他也许永远不能写出那首不朽的《悲怆交响曲》。如果陀思妥耶夫斯基和托尔斯泰的生活不是那样的曲折，他们可能也永远写不出那些不朽的小说。

　　哈瑞·艾默生·福斯狄克在他那本《洞视一切》的书中说，"斯堪的那维亚半岛人有一句俗话，北风造就维京人。我们都可以拿来鼓励自己，我们为什么会觉得有一个很有安全感且很舒服的生活，没有任何困难，舒适与清闲，这些就能够使人变成好人并且变得很快乐呢？正相反，那些可怜自己的人会继续地可怜他们自己，即使舒舒服服躺在一个大垫子上的时候也不例外。在历史上，一个人的性格和他的幸福，却来自各地不同的环境。好的、坏的，各种不同的环境，只要他们肩负起他们个人的责任。"

第五章　天生我材必有用

第五章　天生我材必有用

出身不分好坏

虽然五四运动和新中国的炮火早已摧毁了旧中国的封建等级制度,但出身贫富贵贱的思想直到今天还时时左右着我们的生活。

我出身于一个地地道道的农民之家,"农民"两个字似乎千百年来就被注定了命运是低贱和贫穷的代名词。记得小时候,妈妈总对我说:"你是在棉花地里长大的孩子。"因为无人看管,妈妈只好把我带到田地里去,让我自己在那里任由飞虫的叮咬和孤寂的折磨,因而我常羡慕那些吃公家饭的非农之家,因而常抱怨父母为什么天生就是农民的命,为什么年复一年、日复一日地在庄稼地里受尽风吹日晒,却不能像当官的那样吃好的,用好的,比一比,总感觉矮人三分。

而和父母年龄差不多的邻居大叔却是个大干部,据说是什么局里的一把手,他四十多岁,长得白白胖胖,一点儿都不像

我那满脸沧桑的父母。每次跟父母去田里干活儿经过他家大门口时，总闻到一股炖肉的香味，也总见他一家人吃着金黄金黄的葱花饼，还有农村人很少见过的挂面。那挂面跟我们平时吃的面不一样，一根根清清亮亮，煮出来利利索索，捞出面，汤还是清的。而我们家吃的面却是娘用擀面杖擀出的汤面，烂糊糊的，拖"泥"带水。暑假里，每次挎着草筐，头顶烈日去地里割草时，常见大叔在胡同的阴凉处坐一马扎，手里摇着八角蒲扇，脚上穿着干净的"趿拉板儿"，地上放着一杯茶。他儿子在他身边玩弹球，有时候见我去割草，也要跟我去地里玩，大叔总是一瞪眼："在家老实待着，去地里想要热死啊！"我和他儿子差不多大，我需要到地里去干活儿，而他却为什么不用？这时候，十几岁的我心灵深处萌生的不仅仅是一种羡慕，也开始思考投胎和命运，也许这就是命啊！

稍大一点的时候，父亲去世了，我更成了一个名副其实的农民——我与土地打交道的机会更多了，收麦、播种、施肥，差不多都需要我的帮忙了，那时我才13岁，力气还不够提起半桶水，可我已被当作大人使唤了：我往屋里搬麦子，提一桶猪食去喂猪；在大雨中给玉米施化肥，脸被长长的玉米叶子划出一道道血痕……而这些事都是和我同龄的孩子很少做的，这些

第五章 天生我材必有用

苦都是先前从不曾吃过的,而那时我必须一边紧张地求学一边照顾家务。很多个星期天,伙伴来找我玩的时候,我却不得不无奈地看着他们走出家门,心中无限怅然,自卑无比。

于是,每当这个时候,我就会想:"谁让自己没有父亲了呢,如果父亲在,我就不用总是干活儿了。"甚至我还埋怨上天的不公平,把我降生在这样一个苦难的家庭。

直到现在我成了都市里一名坐在写字楼里工作的白领,有着一份稳定的工作,而不必像父辈那样在土里刨食的时候,我才彻底明白:出身是无法选择的,关键是你如何对待,虽然以前我比别人多吃了些生活的苦,但在那种艰苦的环境里,我却练就了一种坚强和勇敢——比同龄人多出更多的责任感和自信心。而当时那些比我出身好的非农子弟,却没能走出面朝黄土背朝天的命运。

因为出身贫苦,便不能像富家子弟那样游手好闲,挥霍浪费;便不能凡事任凭自己胡作非为;便在生命中更多了一分责任,多了一分努力。

因此,我感谢自己的出身。农民身份的父母一生勤俭清贫、含辛茹苦地养育了我。是父母粗大而满是厚茧的双手为我支撑起一片天,给了我一个温馨的家。我永远忘不了夜半三更母亲油灯下纺线织布的身影,永远忘不了父亲从田地归来那满身泥土的衣衫,永远忘不了烈日炎炎下父母滚烫的汗水、疲惫的身躯……家没有给我更多的安逸和舒适,却给了我更多的激励和奋进,给了我农民身上那种朴实、勤劳、真诚的品质,让我的一生受用不尽。回首往事,一点一滴都有所受益,尽管偶尔有些人生失意,但比起当时优越于我的非农子弟来,已绝无半点自卑之感。是农民的出身给了我刚毅,给了我不屈,给了我吃苦耐劳的品质,给了我坚忍不拔的精神,这种品质和精神激励着我、鼓舞着我,让我时时不忘记自己是个农民的孩子。

出身影响命运,但不决定命运。所以任何时候,都不要嫌弃自己的出身,出身是别人给的,而命运需要自己争取。最关键的不是出身,而是你自己。

事实上,无数历史上成功的伟人都证实了贫穷的出身对他们一生的正面影响。

美国历史上第一位荣获普利策新闻奖的黑人记者伊尔·布拉格就是一个典型的例证。他勇敢勤奋,功绩卓越,创造了美国新闻史上的一个奇迹。他在回忆自己的童年生活时说:"小时候我们家很穷,父母都靠卖苦力维持家用。那时,我父亲是一名水手,收入微薄。很长一段时间,我都一直认为,像我们

第五章　天生我材必有用

这样出身卑微的黑人是不可能有什么出息的,也许一生只会像父亲所工作的船只一样,漂泊不定。"

但是,伊尔·布拉格并没有屈服于自己的命运。在他9岁那年,他的命运发生了转变。有一天,父亲带他去参观凡·高的故居时,他被凡·高的生活所影响了。当他站在那张著名的嘎吱作响的小木床和那双龟裂的皮鞋面前,他好奇地问父亲:"凡·高不是世界上最著名的大画家吗?他难道不是百万富翁吗?"父亲回答他说:"凡·高的确是世界上最著名的画家,同时,他也是一个和我们一样的穷人,而且是一个连妻子都娶不起的穷人。"

在伊尔·布拉格稍稍大一点儿的时候,他和父亲又去了丹麦。当他站在童话大师安徒生墙壁斑驳的故居前时,他又困惑地问父亲:"安徒生不是生活在皇宫里吗?可是,这里的房子却这样破旧。"父亲回答道:"安徒生是个砖匠的儿子,他生前就住在这栋残破的阁楼里,皇宫只在他的童话里才会出现。"

就这样,伊尔·布拉格由于受凡·高故居和童话大师安徒生故居的影响,他的人生观开始完全改变。从那以后,他不再

以自己是一个穷人家的孩子而自卑,他不再以为只有出身好的人才会做出一番成就。他说:"我庆幸有位好父亲,他让我认识了凡·高和安徒生,而这两位伟大的艺术家又告诉我,人能否成功与出身和贫富贵贱毫无关系。"

从伊尔·布拉格的转变并取得成功的经历来看,我们不要因为受自己出身的影响,就认为自己将来不会成功,就认为我们没有展现自我的空间,就认为做什么事只能惨淡收场,就开始对自己所从事的事放弃。事实上,只要我们能够清醒地认识自我,就不会因暂时的生活窘迫而放弃自己的梦想,就不会因其貌不扬被人歧视而低下了充满智慧的头颅。

著名传记作家莫洛亚说:"我研究过很多在事业上获得成功的人的传记资料,发现一个现象,就是不管他们的出身如何,他们都有一个共同点:永远不相信命运,永远不向命运低头。在对命运的控制上,他们的力量比命运控制他们的力量更强大,使得命运之神不得不向他们低头!"

"英雄不问出处",许多名人、成功人士并不是从一出生就功成名就,只不过他们的力量更强大,使得命运之神不得不向他们低头!"

无论你是出身高贵,还是贫贱,都要记住出身没有好坏之

分——也许好的出身能给你暂时的安逸,但却给不了你一生的幸福;也许不好的出身能让你暂时吃苦受累,但却可以给你一生受用不尽的财富。

缺陷也是一种美

有一个盲人，在他很小的时候，他为自己的缺陷而无比烦恼沮丧，他认定这是老天在惩罚他，认定自己这一辈子都不会有什么出息了。因此，他开始对自己身边的事不满起来，开始悲观厌世、颓废不振。直到有一天，他遇到一位当地知名的教师，这位教师听了他的心事后，说："世上每个人都是被上帝咬过一口的苹果，都是有缺陷的人。有的人缺陷比较大，遭遇的痛苦比别人多，那是因为上帝特别喜欢他的芬芳。"听了这句话，他开始对自己的遭遇有了一个全新的认识，也对自己的人生做了重新安排。他认为他的残疾是上天对他的考验，也是对他的挑战，是在考验他能不能面对上天对他的挑战。当他这样思考的时候，他开始振作起来，开始决定走出先前颓废的生活，转而向命运挑战。若干年后，他成了当地一个著名的盲人

推拿师，他的成功激励了许多身残志坚的人，引领他们摆脱命运的束缚，走出阴霾，走向成功。

在我们的人生旅途中，每个人都不可能一生都一帆风顺，命运总是会或多或少地给我们一些无法解开的难题。但是，只要我们把人生缺陷看成是"被上帝咬过一口的苹果"，那么，我们的生活就会发生意想不到的转变。毕竟在每个人身上，不如意的事情每个人都会有，这是作为人谁都无法避免的事，不同的是，面对缺陷，面对痛苦，你如何去看待，如何去处理。把人生缺陷看成"被上帝咬过一口的苹果"，这个思路太奇特了，尽管这有点自我安慰的阿Q精神，可是，它却让我们有了放弃颓废、拯救自我的理由，而这个理由又是这样的善解人意、幽默可爱，如果你肯这样想的话，那么你的人生就会是另外一番景象。

我们来看看那些成大事者，他们的成功难道不是这样的吗？例如世界文化史上著名的三大怪才，没有一个不是有身体缺陷的：文学家弥尔顿是瞎子，大音乐家贝多芬是聋子，天才的小提琴演奏家帕格尼尼是哑巴，他们身体都有不足，但他们都取得了超越常人的巨大成就。这说明了什么？这给了我们什么启示？如果用"上帝咬了一口苹果"的理论来推理，难道不

可以这样说：他们正是由于上帝特别喜爱，才狠狠地被咬了一大口，他们正因为有了这一口，才最终走向了成功之路。

对比一下我们周围的很多人，他们总是在遭受到一点儿不如意时，就抱怨自己时运不济，开始放弃自己的追求，觉得自己不能脱颖而出，这一辈子就这样没有希望了。事实上，对于每一个人来说，人生不如意事十之八九，不完美是客观存在的，也是每一个人都无法逃避的，但我们无须怨天尤人。当我们失意时，我们要面对自己。当我们成功时，我们也要面对自己，不管是失意还是成功，我们都要有一颗敢于向命运挑战的决心，这样我们就能用坚强鼓舞自己，用知识充实自己，用自己的一技之长来发展自己。当我们走向成功时，我们才会发现生命的可贵之处正在于看到自己的不足并且勇敢地改正它。如果我们能做到这些，我们就能坦然面对一切。

人生正因为有了缺憾，才使得未来有了无限的转机，所以缺憾未尝不是一件值得高兴的事。

世界第一经理人、美国通用电气公司前董事长杰克·韦尔奇从小口吃，很多人看不起他，他的同伴也常常嘲笑他、奚落他，但他的母亲却经常劝慰他："每个人都有缺陷，这算不了什么缺陷，命运掌握在你手中。"还用肯定的话鼓励他、表扬

第五章　天生我材必有用

他："你其实是一个很聪明的孩子，虽然有点口吃，但这并不能掩盖你其他的优点，你善良、正直。你的口吃正说明了你聪明爱动脑，想的比说的快些罢了。"母亲的话给韦尔奇带来了极大的自信。

正因为韦尔奇对自己充满了自信，结果，略带口吃的毛病并没有阻碍他的发展，反而促使他更加努力奋进。后来，当韦尔奇事业有成时，注意到他有口吃缺陷的人，反而对他更加敬佩。在他们看来，正是这位有这样缺陷的人在商界才取得了这么辉煌的成就。对此，美国全国广播公司新闻总裁迈克尔甚至开玩笑地说："韦尔奇真行，我真恨不得自己也口吃！"

那些总是慨叹自己不如人的人、那些深感自卑的人好好反省一下自己吧！如果韦尔奇一无所成，那么结果会如何呢？正是因为他在商界取得了辉煌的成就，人们才开始尊敬他，才让他看到了一个被公认为是缺陷的毛病成了人人羡慕的优点。

历史上还有一个人物，他天生矮小，但他却做出了很多大个子们所没有做出的伟大成绩。这个人就是拿破仑。他虽然身材矮小，但他从小就争强好胜。在家里，他时常跟比他大一岁的哥哥约瑟夫打架，他的哥哥总是被个子矮小的拿破仑打倒。

对此，他的父母非常头疼这个好斗的孩子，于是，在他10岁时，他的父亲将他送到军官学校学习。由于个头儿比较矮小，拿破仑初到军校时备受歧视，他没有别的办法对待他们，只有与他们打架。他虽身材矮小，势单力薄，却从不屈服，这种精神使得同学们无不对他敬畏。

1789年，拿破仑积极投入法国大革命。1793年，在与王党分子的战斗中，拿破仑勇敢作战，身先士卒，表现出了非凡的军事才能与勇气。因此，拿破仑不断得到提拔，并一再创造军事上的辉煌。后来，在出征意大利和埃及时，他又多次创造了以少胜多的战绩。这些成绩的取得都与拿破仑的信念有关，在他的生活中，他相信自己胜过信上帝。在短短的五年内，他由一个默默无闻的炮兵上尉跃升为一个率领数十万大军的将领，靠的全是自己的战功，而不是任何人的提携。

这时，一切的情形都改变了。从前嘲笑他的人，现在都涌到他面前来，想分享一点儿他得到的奖励金；从前轻视他的，现在都希望成为他的朋友；从前揶揄他是一个矮小、无用、死用功的人，现在也都改为尊重他。他们都变成了他的忠心拥戴者。

第五章　天生我材必有用

罗慕洛穿上鞋时身高只有1.63米，但他却长期担任菲律宾外长，并且工作成绩显著。以前，他总是觉得自己不如他人，经常为自己矮小的身材而自惭形秽。

为了尽力掩盖这种缺陷，罗慕洛在每次演说时都用一只箱子垫在脚下，然而结果他仍然没有出色的表现，他很为自己的这种现状而忧虑。有一次，他到法国考察，偶然间注意到拿破仑的蜡像，这时，他心头一惊，因为他发现自己竟然比拿破仑还高。他想："拿破仑能指挥千军万马，能面对众人侃侃而谈，我为什么不能？"

罗慕洛决定以后彻底改变自我，于是，罗慕洛扔掉脚下的箱子，并成了一名杰出的演讲家。

后来，在他的一生中，他的许多成就都与他的矮有关，也就是说，矮倒促使他获得了成功。以致他说出这样的话："但愿我生生世世都做矮子。"

1935年，罗慕洛应邀到圣母大学接受荣誉学位，并且发表演讲。在演讲的那天，高大的罗斯福总统也是演讲人。在那时，许多美国人还不知道罗慕洛是一个什么样的人。在那场演

讲上，罗慕洛取得了巨大的成功。事后，就连罗斯福总统也笑吟吟地怪罗慕洛"抢了美国总统的风头"。更值得回味的是，1945年，联合国创立会议在旧金山举行，罗慕洛以无足轻重的菲律宾代表团团长身份，应邀发表演说。讲台差不多和他一般高。等大家静下来，罗慕洛庄严地说出一句："我们就把这个会场当作最后的战场吧。"这时，全场登时寂然，接着爆发出一阵掌声。最后，他以"维护尊严、言辞和思想比枪炮更有力量……唯一牢不可破的防线是互助互谅的防线"结束演讲时，全场响起了暴风雨般的掌声。后来，他分析道，如果大个子说这番话，听众可能客客气气地鼓一下掌，但菲律宾那时离独立还有一年，自己又是矮子，由他来说，就有意想不到的效果。从那天起，小小的菲律宾在联合国中就被各国当作资格十足的国家了。

　　身材矮小的罗慕洛，不因缺憾而气馁，敢于坦然面对，并用自己的智慧、胆识加以弥补，从而战胜柔弱，超越卑微，做出了惊天动地的伟业。

　　上帝绝不肯把所有的好处都给一个人，给了你美貌，就不肯给你智慧；给了你金钱，就不肯给你健康；给了你天才，就

一定要搭配点苦难……其实，只要想想，上帝是公平的，哪一个人没有缺陷呢？因为我们都是他咬过一口的苹果。

天生我材必有用

许多时候我们觉得自己很渺小，天生是个没用的人，没有任何引以为豪的禀赋和能力，甚至一度以为这一生都会永远黯淡下去。其实，这些只是我们自己偏激的见解，试想，如果我们注定一无是处的话，那么聪明的上帝为何要把我们带到这个世界上来呢？上帝既然允许我们来这繁华的世界走一遭，那么就一定有他的道理，而我们也一定有自己存在的价值和意义。所以，永远都要相信自己是最棒的，无论外界给予什么样的抨击和否认，都要坚信自己的价值。

荷兰画家林·布兰特的一幅油画的售价超过了百万美元，对此有人会问："到底是什么原因使他的画这么值钱呢？"你可能会这样回答："因为他是个天才啊，这种天才每几百年才会出一个啊。"

而我们要说的是，有史以来，亿万人曾经生活在这个地

第五章 天生我材必有用

球上,但从没有过第二个你,你是一个独特性和唯一性相结合的生物,这些特性赋予了你极大的价值,你应该知道,即使林·布兰特是天才,但他也只是个人而已。

要知道,上帝创造了林·布兰特,也同时创造了你,在上帝眼里,你和他是一样珍贵的。所以,我们一定要肯定自己的价值。

在我的人生经历中,曾经发生过这样一个故事,至今还对我有着深刻的影响:

在我大学刚刚毕业的那一年,我的老家有一位靠卖画为生的画师。有一天,我们到村子里的集市上去买蔬菜,正好,我碰到了这位画师正摆上了一些字画,试图在这个集市上把字画卖掉,好换些粮油等拿回家。我看到这里,不由得用眼瞅了瞅画师的画,画师的画的确不错,我就在心里想,这应该价值不菲吧!我好奇地留下来看看到底有没有人买。当我正想到这里的时候,过来了一位看上去像教师的人,他问画师:"请问这幅画多少钱?"画师回答道:"20元。"然后,那位教师和画师讨还了一下价钱,最后双方成交了,那位教师花了10元钱把画买走了。看到这里我过去问画师:"你为什么这么便宜就把

这么昂贵的画卖给他了呢?"画师微微一笑说:"在这里,再好的东西也卖不上好价钱的,人们看到我的画,只是在心里想这幅画很好,但对我们没有太大的意义,我只是买回家做些装饰罢了。所以他们开的价钱不会太高,我也不能要价太贵,如果太贵了,就不会有人买了!"画师讲到这里,我还是不明白其中的意思。画师看我这样,笑了笑说:"我明天让你陪我去卖画吧!"我看画师这么诚恳,就答应了。

第二天,我与画师到了市里的集市上,我和画师刚把画摆好,就过来了一位购画者,他对画师说:"你的画值多少钱?"画师回答说:"500元。"这位有钱人听画师如此说,非常高兴,然后从口袋里掏出钱来说:"真没想到,这么货真价实,我们新家装上这幅画,应该是另一种生活景象了。"见此情景,我对画师说:"这太好了,看来我们的要价太低了,如果再要高一些,他也乐意出。"画师笑了笑说:"现在我们把画摊搬到古籍市场上去吧,看看情况如何。"接着,我们就去古籍市场。在那儿,我简直不敢相信自己的眼睛,竟然有人乐意出2000元钱来购买画师的画,但画师还不愿意卖,他继续抬

高字画价钱，他们出到1万元。但是画师说："我不打算卖掉它。"他们说："我们出2万元，甚至3万元，只要你卖！"画师说："低了，我不能卖，我要5万元。"我真的不能相信，我在心里想："难道画师疯了，昨天才10元钱，现在就要5万元！"最后，画师以5万元钱卖掉了他手中的画。

在回家的路上，我百思不得其解地问画师："为什么同样的字画，你却卖了三个价钱呢？"画师对我说："我想你现在应该明白一个道理，当我把画摆在不同的位置上时，它的价钱是不一样的。如果把这个原理用在做人上来讲，我想你应该明白了，我们应该要找到培养和锻炼自我价值的地方。就像我卖的画一样，如果在家乡的蔬菜市场，我们只值最低的价钱，如果我们生活在最能施展我们能力的地方，就会有更高的价值。所以说，你要了解你的价值，只有这样，你的人生才会是辉煌的。"

看到这里，我想问大家："你了解自己的价值吗？"不要在蔬菜市场上寻找你的价值，为了卖个好价，你必须让人把你当成宝石看待，关键的是首先你自己要把自己当作宝石。大诗人李白的诗句说得好："天生我材必有用，千金散尽还复来。"虽然从小他的文采便崭露头角，但他的人生却充满了坎

坷与怀才不遇，可他坚信自己是个天才，总有一天世界会发现他的价值。事实上，在他之后的世世代代一直有无数的人对他顶礼膜拜，认为他真的是个天才，他留下的诗篇影响了一代又一代人。

在NBA的夏洛特黄蜂队里，有一个非常了不起的人物——博格士，正是由于他的存在，使得很多人都喜欢看夏洛特黄蜂队打球。

据相关资料说，在现在的NBA里，博格士是最矮的球员，也是NBA有史以来破纪录的矮子，他的身高只有1.6米。但这个矮子可不简单，他是NBA表现最杰出、失误最少的后卫之一，不仅控球一流，远投精准，甚至面对高个队员带球上篮时也毫无畏惧。但是，不管他如何出众，人们还是忘记不了他是NBA有史以来身高最低的球员。

每次看博格士满场飞奔，像一只小黄蜂一样的灵敏，他的球迷们都会在心里忍不住赞叹。他们对他的肯定，不仅安慰了天下身材矮小却酷爱篮球者的心灵，同时也鼓舞了其他众多相貌平平的人士。

博格士是如何成功的呢？难道他是一个天生的好球手？当然

第五章　天生我材必有用

不是,他所取得的一切,都是他顽强努力和勤奋苦练的结果。

身材特别矮小的博格士从小就非常热爱篮球,他每天都和同伴在篮球场上打球。在没有进入NBA之前,他就梦想有一天可以去打NBA,因为NBA的球员不但待遇奇高,而且也享有很高的社会地位,是所有爱打篮球的美国少年最向往的梦。

但是,博格士的梦却遭受了很多打击,每次当博格士告诉他的同伴说:"我长大后要去打NBA。"所有听到他的话的人都忍不住哈哈大笑,他们觉得这简直比发现外星人还令他们奇怪。因为他们认定一个1.6米的矮子是绝不可能进NBA的。

但是,同伴们的嘲笑并没有阻断博格士的志向,他坚信自己的身高不会影响打篮球的成功,他更不相信他就是上帝创作的劣质品,他认为自己应该是个天才。如果自己能够用比一般高个子多几倍的时间练球,终究会成为全能的篮球运动员,也会成为最佳的控球后卫。就这样,经过他的勤奋苦练,他最终成了出色的球员。在球场上,他充分利用自己矮小的优势——行动灵活迅速,像一颗子弹一样;运球的重心最低,失误也最少;个子小不引人注意,抄球常常得手。

由此可以看出，在人生的舞台上，每个人都有自己的价值，关键在于你如何去挖掘它，关键在于你是否发现了自己的价值，你是否肯定自己的价值。

当我们总是埋怨自己一无所有，对自我价值感到迷茫的时候，可以看看下面这个故事。

一位老人碰到一个愁眉不展的青年，他不解地问："小伙子，你为什么不高兴？"

小伙子说："因为我觉得自己很没用，什么都没有，没有钱，没有房子，没有汽车，而且又比别人笨。"

"我觉得你很富有嘛！"老人笑着说。

"您不要拿我开玩笑好不好。"小伙子说。

于是老人问："假如我现在砍掉你一根手指头，给你一万元钱，你干不干？""当然不干！"小伙子回答得很干脆。

"好。那么，我给你10万元钱，要你的左腿，你同意吗？"小伙子犹豫了一下，然后摇摇头。

"让你的双眼瞎掉，双耳变聋，给你100万，怎么样？""不行，我不干！"小伙子回答。

"给你200万让你变成比我还要老的一个老人，这可不可

第五章　天生我材必有用

以？""当然不可以。"

"下面你回答我最后一个问题,假如让你马上死掉,给你一个亿,你干不干？""两个亿我也不干！"小伙子大叫。

"瞧,你现在拥有两个亿的财产,怎么还说自己穷呢？"老人说。

人生最大的难题莫过于肯定你自己的价值。许多人谈论某位企业家、某位世界冠军、某位电影明星时,总是赞不绝口,可是一联系到自己,便一声长叹："我不是成才的料！"他们认为自己没有出息,不会有出人头地的机会,理由是："生来比别人笨""没有高级文凭""缺乏可依赖的社会关系""没有好的运气"等。其实这些都不是最主要的,要获得成功首先必须坚信"天生我材必有用"。

不完美的自己，我的人生我做主

拥抱不幸

10岁之前，我还是个快乐的小孩。10岁的时候，父亲病了，是癌症，我的生活也从此失去光明。父母去省城看病，我一个人在家看家，于是小小年纪的我就开始学着照顾自己，饭要自己做，水要自己烧，晚上还要一个人守着空旷而寂静的房子，邻居说我真是个不幸的孩子。后来，父亲做完了手术在家养病，我在放学之后还要做很多的家务，嫩嫩的小手常常磨出水泡，妈妈说我真是个不幸的孩子。最后，父亲病逝，家道衰落，我一度面临失学的危机，老师们也说我真是个不幸的孩子。

13岁那年，我已被公认为是全村里最不幸的孩子了，可我并不为自己感到可怜，相反我把悲痛化为学习的动力，因为我知道那是我唯一的出路，是唯一可以拯救自己的稻草。妈妈说："孩子，现在不能跟别人比了，因为你跟别人不同，你只能好好学习，这是你唯一的出路。"也就在那一年，我顺利地

第五章　天生我材必有用

考上了县城的重点中学,学校里几十个学生中我是唯一考上的。那时我觉得自己很幸运。

进入中学,生活更加困顿,我学习也更加刻苦,整个学校,我是穿得最烂、吃得最差的人,三年里我甚至没买过一支笔——那支出水的钢笔我用纸缠着接着用,墨水渗湿了小手。而我的成绩却一直保持整个班级的前三名,后来我考上县城的重点高中。那时,我觉得自己很幸运。

一直到现在,我都感谢上天给我的不幸,使我从小磨炼了意志,学会在困境中奋进拼搏,从而有机会走出苦难的生活,向着人生中一个又一个的巅峰挑战。

现实是不幸的,但正是这个不幸让我第一次感到生存的危机,激励我不能落后,只能奋进。

幸与不幸有时只是一墙之隔,关键看你如何看待。如果你把它看成压力,那你就真的很不幸;如果你把它看成财富,你其实也很幸运。

松下幸之助曾经根据自己艰苦的学徒生涯有感而发:"人生没有百分之百的不幸:此一方面有不幸,彼一方面却可能有弥补。'天虽不予二物,但予一物。'人们不必去强求二物,

只要把一物发展好，人生就相当幸福美满了。"

人总是有一些缺陷的，因为人不是神，不可能是完美无缺的，因此也就不可能有100%的幸运和成功。同样，人生也总是有好运降临的，不会有100%的不幸。就某一件事情来说，看似不幸，但其中却可能有50%的福气在其中。例如有一个人缺了一条腿，平时他的活动当然很受限制，但是如果他上电车，大多数的情况下会都有人让座。如果他双腿齐全，那么可能就不会有人让座了。这是上帝弥补缺掉一只腿的不幸的人的一种行为，如果能这样想的话，就能明白这种缺陷也不见得全是一件坏事。如此看来，就没有所谓的100%的不幸。50%的不幸是存在的，可是在另一方面就会有50%的福分。

所以，当我们遇到不幸的时候，我们也要注意到还有50%的幸福在等着我们。

莎士比亚曾充满深情地对一个失去了父母的少年说："你是多么幸运的孩子，你拥有了不幸。因为不幸是人生最好的历练，是人生不可缺少的生存教育，因为当你知道失去了父母以后，你就会更加努力了。"当时这个孩子正处于孤立无援的悲惨境地，他充满疑惑地看着这个给自己安慰的大师。40年以后，这个孩子——杰克·詹姆士，成了英国剑桥大学的校长、

第五章 天生我材必有用

世界著名的物理学家。

像这样的故事不胜枚举，我们再来看看那些取得大成就的人何尝不是如此呢！英国女诗人勃朗宁夫人下肢瘫痪，这是她的不幸，但她的诗篇却使她赢得世界级声誉，全世界喜爱文学的人大都读过她的诗篇，这是她的幸运；俄罗斯大作家陀思妥耶夫斯基，他的一生有一半的时间是在监狱和贫民窟里度过的，而且有一次还上了断头台，这是他的不幸，但他留存下来的著作，却令他享誉全球，这又是他的幸运；美国天才作家爱伦·坡，在有生之年，生活极其艰苦，而且常常挨饿，这是他的不幸，但今日，他的影响却是文学界无法磨灭的印记，这是他的幸运。

如果我们能够以这种辩证的观点来看待顺境和逆境，那么我们在遭遇一切大大小小的风雨时，便可以比较坦然。

帕格尼尼是一位世界公认的最富有技巧和传奇色彩的小提琴家，是音乐史上最杰出的演奏家之一。他的一生可谓灾难重重：3岁学琴，即显天分；8岁时已小有名气；12岁时举办首次音乐会，即大获成功；然而，有谁知道他4岁时出麻疹，险些丧命；7岁时患肺炎，又近乎夭折；46岁时牙齿全部掉光；47岁时视力急剧下降，几乎失明；50岁时又成了哑巴。

上帝这一口咬得太重了，但他好像觉得还不够深重，他又给自己设置了各种障碍，他把自己长期囚禁起来，每天练琴10至12小时，忘记了饥饿和死亡。

他的一生除了儿子和小提琴，几乎没有一个家和其他亲人。可是，与此同时，上帝也造就了一个天才的小提琴家。他的琴声几乎遍及世界，拥有无数的崇拜者，他在与病痛的搏斗中，用独特的指法、弓法和充满魔力的旋律征服了整个世界。几乎欧洲所有文艺大师，如大仲马、巴尔扎克、司汤达、肖邦都听过他的演奏并为之激动不已。著名音乐评论家勃拉兹称他是"操琴弓的魔术师"；歌德评价他"在琴弦上展现了火一样的灵魂"；李斯特大喊："天啊，在这四根琴弦中包含了多少苦难、痛苦和受到残害的生灵啊！"

历史上遭遇不幸却做出惊人成就的人还有很多：双目失明而且耳聋的海伦·凯勒、10岁丧父的高尔基、落魄一生的画家凡·高……也许正是不幸，才让他们认真思考自己的人生，并且为了改变这种不幸境遇而不断追求，不断奋斗，才最终取得了成功。

第五章　天生我材必有用

放下心中的自卑

　　小时候，我很自卑，因为别人可以骑小型自行车去城里上学，而我只能骑父亲那辆破破烂烂的弯把大梁车；因为别人有新衣服穿，而我只能穿表哥穿过的旧衣服；别人可以早早就把学费交了，而我总是迟迟交不上……

　　因为这些，我觉得自己比别人卑微很多，尽管学习成绩名列前茅，但生活上的种种窘迫完全使这仅有的光彩也暗淡了。

　　直到上了大学，这种自卑还一直伴随着我，虽然生活好转了，但从前心底的阴影似乎总是挥之不去，而此时，我所自卑的事情里仿佛又多了很多其他的：自己眼睛太小、身材不够高大、篮球打得太糟……尽管别人说其实并不是多么糟糕，而我依然固执地陷在自卑中无法自拔。

　　也许每个人都有一点儿自卑情结的，他们不仅自己瞧不起自己，还认为自己怎么看都不顺眼，总觉得矮人一头。也许正

是因为他们有了这样的自卑意识，结果他们无论在工作中，还是生活中，同样地认为自己怎么看都不顺眼，怎么比都比别人矮一头，自己怎么做都不会成功，总比其他人差。实际上真的是这样吗？其实，只要我们走出自卑的束缚，我们就会找到自己的优点，只要我们充满了信心，我们就会看到另一个世界，我们就会敢于面对一个真实的自我。

说实在的，自卑的人本身其实并不是他所认为的那么糟糕，而是自己没有面对艰难生活的勇气，不能与强大的外力相抗衡，致使自己在痛苦的陷阱中挣扎。所有在生活中说自己为某事而自卑的人们，都认为自卑不是好东西。他们渴望着把自卑像一棵腐烂的枯草一样从内心深处挖出来，扔得远远的，从此挺胸抬头，脸上闪烁着自信的微笑。

疯狂英语的创始人李阳从小性格内向，他不仅自闭而且自卑，面对很多事情都有女孩子般的羞涩感。就是这样一个自卑且英语极差的人，为了挑战自我，挑战自卑，居然苦攻英语，终于创造了"疯狂英语"，成就了"疯狂的李阳"。

新东方教育集团的创始人俞敏洪，同样是曾经深感自卑的一个人，他三次考北大三次落榜，几次出国都被拒签，连爱情都与他无缘，从他的回忆中可以感觉到他曾经是极度自卑的。

所以他发出了呐喊:"在绝望中寻找希望,人生终将辉煌。"于是他的信心成就了新东方,成就了如今统领整个英语培训行业的领军人物。

有个小女孩的故事有点好笑,但它给了我一个很大的启示:自卑原来是自找的!

在农村,一般都有穿耳孔的习惯。有个女孩儿也穿了耳孔,可是这个耳孔却因为意外而穿偏了,但是幸运的是这只是有个小眼,不仔细看的话是很难看到的。但是这个女孩却因自己耳朵的这个小眼儿而非常自卑,于是便去找心理医生咨询。

医生问她:"眼儿有多大,别人能看出来吗?"

她说:"我留着长发,把耳朵盖上了,也只是个小眼儿,能穿过耳环,可不在戴耳环的位置上。"

医生又问她:"有什么要紧吗?"

"哦,我比别人少了块肉呀,我为此特别苦恼和自卑!"

也许我们会说,这个小女孩太过较真儿了,然而这样的事情在现实生活中却并不鲜见。生活就是这样,如果我们对自己没有信心,让自卑的心困扰我们,我们就会被一些无关紧要的缺陷所包围。最常见的缺陷有身体胖、个子矮、皮肤黑、汗毛

重、嘴巴大、眼睛小、头发黄、胳膊细……这些几乎都是让我们产生自卑的理由，而我前面所说的"耳朵上的一个小眼儿"也是其中一个。然而实际情况如何呢？只要我们想开了，我们就能坦然面对了。当我们把目光从自卑的人身上转到那些自信的人身上时，便会有新的发现：上帝并不是让他们全都完美无瑕的。如果用"耳朵上的小眼儿"这样的尺度去衡量，他们身上的种种缺陷也可怕得很呢！拿破仑身材矮小、林肯长相丑陋、罗斯福瘫痪、丘吉尔臃肿，但他们都没有因为这些缺陷而停滞不前，相反，他们以此为动力，奋斗不息，结果成就了自己的辉煌。所以，看看这些成功人士吧，他们身上的缺陷哪一条不比"耳朵上的小眼儿"更令人痛不欲生？可他们却拥有辉煌的一生！如果说他们都是伟人，我们凡人只能仰视，就让我们再来平视一下周围的同事、朋友，你也可以毫不费力地就在他们身上找出种种缺陷，可你看他们照样活得坦然自在。自信使他们眉头舒展，腰背挺直，甚至连皮肤都熠熠生辉！

所以，我们只有正视自己，只有正确地认识自己，才能走出人生的误区，才不会被自己的缺陷所困扰，才能敢于面对真实的自己，才能勇敢地接受现实、接受自我。这才是一个能成就大事的人所应该具备的品质。

心理素质强的人，勇于正视自己的缺点，接受自我。他们接受自己、爱惜自己，无论他们在人生的道路上结果如何，他们都会敢于面对，他们不会因失败而不求进取，也不会因失败而自暴自弃。因为他们知道自己与他人都是各有长短的、极自然的人。对于不能改变的事物，他们从不抱怨，反而欣然接受所有自然的本性。他们既能在人生旅途中拼搏，积极进取，也能轻松地享受生活。只有勇敢地接受自我，才能突破自我，走上自我发展之路。

在人生的路上，有很多事情都不是外界强加给我们的，而是我们强加给自己的。我们没有充分地认识到自己，才会自卑感严重，在做起事来的时候才会缩手缩脚，没有魄力，结果让许多机会丧失，导致我们最终走向失败。所以说，我们应该注意到，当我们一开始去面对一件事情时，就要鼓足勇气去面对，不要因为自卑而畏首畏尾，也只有丢掉自卑感，大胆干起来，我们才能走向成功。

放下你的犹豫不决

决断力是一个人成功必不可少的要素,《史记·淮阴侯列传》记载:"贵贱在于骨法,忧喜在于容色,成败在于决断。"决断力是一个人的综合能力的体现,它表现为一个人的意志力、对事物的分析判断能力、临场应变能力、感情控制力上。

一个人要想获取成功,没有什么完美的方式,决断力是必需的。因为机会是不等人的,它稍纵即逝,错过了就没有了。

而我们生活中常常见到很多这样的人:做事犹犹豫豫,总是在取舍之间徘徊,无法下定决心,很多机会就在他们犹豫的间隙中溜走了。有时候,在人生的关键点上,我们需要果敢决绝一些,这样才能抓住机会,取得成功。如果犹豫不决,很可能最后弄得两手空空,一无所获。

面对问题和抉择,人们之所以犹豫不决,举棋不定,是因为人们总是想做出最好最优最全面的选择,生怕自己有所损

失，有所遗憾，因此才会反复权衡利弊，斟酌来斟酌去。缺乏决断力，往往会导致一个人的失败。

大家知道"布利丹效应"吗？布利丹效应又称为布利丹毛驴效应，它是由外国的一个成语"布利丹驴"引申而来的。

法国哲学家布利丹，在一次议论自由问题时讲了这样一个寓言故事：

"一头饥饿至极的毛驴站在两捆完全相同的草料中间，可是它却始终犹豫不决，不知道应该先吃哪一捆才好，结果在无所适从中活活被饿死了。"由这个寓言故事形成了成语"布利丹驴"，被人们用来喻指那些优柔寡断的人。后来，人们常把决策中犹豫不决、难作决定的现象称为"布利丹效应"。

做决断的那个人是你，你掌控着自己的决断力，从另一个意义上说，你决定着你自己的命运。缺乏决断力的人，在人生的关键时刻往往会因为不能及时做出决断而遗失良机，追悔莫及。因此，果断作出决定，立刻执行，不要有丝毫的懈怠。很多时候，你会由于放任自己而做出缓慢决定的做法付出代价。"花开堪折直须折，莫待无花空折枝"，很多事情错过了，便再没有回转的机会。18世纪英国著名诗人爱德华·杨格曾说

过:"延宕是时间的强盗。"没错,它偷走了本可以属于你的东西,而你却在一而再,再而三地放任它!

"当断不断,反受其乱",可以说是对一个人缺乏决断力的极好概括。

在我国战国时期,战国"四君子"之一的春申君黄歇,当时辅佐楚顷襄王、考烈王,声名远扬。考烈王没有儿子,赵人李园想把他的妹妹献给考烈王,却一直没有成功,于是就献给了掌管军政大权的春申君黄歇,这件事在当时几乎没有人知道。不久,李园的妹妹就怀孕了,李园兄妹与黄歇便瞒天过海,将李园的妹妹献给了考烈王,生了一个儿子,被立为了太子。李园害怕事情暴露,就密谋将黄歇杀死。当时有幕僚多次提醒黄歇,要小心提防李园,劝告黄歇应该将李园除掉,以绝后患。黄歇却犹豫不决,迟迟没有行动。考烈王死后,黄歇被李园派来的刺客杀死。

后来,司马迁在《史记》中评价春申君黄歇说:"当断不断,反受其乱。"可见,决断力对一个人来说是多么重要而可贵!

犹豫不决是一个人人生的天敌,我们要未雨绸缪,在它还没有伤害我们、限制我们之前,就将其打入死牢,使其永世不得翻身。让自己不管面对大事小事，都能够及时果断地作出决定。

做事犹豫不决，迟迟无法下决定，不仅浪费了时间，更是对我们自己宝贵生命的拖延。当今时代，很多人在其他能力上非常突出，往往因为缺乏决断力而沦为平庸之辈。

威廉·沃特说："如果一个人永远徘徊于两件事之间，对自己先做哪一件犹豫不决，他将会一件事情都做不成。如果一个人原本作了决定，但在听到自己朋友的反对意见时犹豫动摇、举棋不定，那么，这样的人肯定是个个性软弱、没有主见的人，他在任何事情上都只能是一无所成，无论是举足轻重的大事还是微不足道的小事，概莫能外。他不是在一切事情上积极进取，而是宁愿在原地踏步，或者说干脆是倒退。古罗马诗人卢坎描写了一种具有恺撒式坚韧不拔精神的人，实际上，也只有这种人才能获得最后的成功——这种人首先会聪明地请教别人，与别人进行商议，然后果断地决策，再以毫不妥协的勇气来执行他的决策和意志，他从来不会被那些使得小人物们愁眉苦脸、望而却步的困难所吓倒——这样的人在任何一个行业里都会出类拔萃、鹤立鸡群。"

那么，我们应该如何培养自己的决断力呢？

当然，它并非一朝一夕就可以练就，它需要一个人长久地坚持，需要一个人在日常生活中不断地学习与积累，需要一个人对事物正确客观的评价，需要一个人对自我的不断肯定，需要一个人不断培养健全的心智和成熟的思想……

第一，要做一个自信的人。很多人面对事情之所以能够在正确分析和准确判断的基础上作出果断决策，很重要的一个原因就是这个人拥有自信的品格，他相信自己。因此，外在的种种干扰和反对意见根本无法侵扰到他的内心。因此，当你犹豫不决、进退两难时，要给自己信心，相信自己，不时地为自己打气。

第二，要有勇有谋。心理学认为，一个人的决策水平和他的知识经验关系重大。一个人的知识经验越丰富，他的决策水平也就越高；反之，则很低。因此，我们说，一个人的高的决断力不是凭空而论，不是盲目武断，不是草率，不是鲁莽，它是建立在一个人对事物的严加分析的基础上，经过充分加工之后，由自己丰富的知识经验和科学的思维判断而来，这是深思熟虑后的决断，这就需要一个人在日常生活中长期的经验积累和不断学习。

第三，强化风险意识。没错，决断一件事情就有它的风险

性。然而，当机会来临，如果你不能及早、果断地进行决断，往往使得机会擦身而过，而后悔莫及。面对抉择，我们要当机立断，果断决绝，无惧后果的不确定性，就算结果真的不满意，也要勇敢承担后果，在不断的决策与进取中磨炼自己。做出一个决断，不管它正确与否，都好过犹犹豫豫。而且，有时候，你犹犹豫豫的过程中，风险不但没有减少，反而会有更多的风险出现。

第四，培养自己独立思考、独立解决问题的能力，不依赖他人。面对问题，养成独立思考的习惯。不要人云亦云，缺乏主见，这样是无法做出正确决策的。不要让别人的诸多想法左右了你的决定，你的生活是你自己的，你是你自己思想的主人，用他人的观点替代自己的想法，你还是你吗？你要用自己的思想，自己的意志做出判断，作出决定。

生活中，很多人面临选择时，总是渴望类似父母、长者或是自己所信赖的人来为自己做决定，总想依赖他人，然而，这不仅是在浪费时间，也是在浪费自己的生命，你只是想沿着父辈的轨迹来生活吗？勇敢一些，做自己的决定，自己肩上的责任自己担。

奥里森·马登说过，世间最可怜的人就是那些举棋不定、

犹豫不决的人。如果有了事情，一定要去和他人商量，不取决于自己，而取决于他人，这种主意不定、意志不坚的人，既不会相信自己，也不会为他人所信赖。果断决策的力量，与一个人的才能有着密切的关系。如果没有果断决策的能力，那么你的一生，就像深海中的一叶孤舟，永远漂流在狂风暴雨的汪洋大海里，永远达不到成功的目的地。

第五，不要什么都不想舍弃，总是试图获取最多利益。人生总是要有取舍，什么都不想舍弃，往往最后什么也得不到。在人生旅途中，我们难免会舍弃或是丢失一些东西，例如金钱，例如诱惑，例如升官，然而有失便有得，有得便有失，何苦让自己陷于那左右抉择的态势中无法自拔呢？有时候舍弃一些，反而得到了更多，出现了更多的机会。

第六，遇事保持冷静。排除外界的一切干扰，稳定自己的情绪，往往能够使得自己静下心来仔细分析问题，也利于培养自己的决断力。

第七，聆听自己的心灵之声。当你觉得无法果断作出决定的时候，安静下来，将外界所有的喋喋不休的噪声排除在你的心灵之外。听听自己心跳的声音，当你的心跳和你的思维发出和谐的声音时，你会本能地感觉到。

第五章　天生我材必有用

美国通用电气公司前总裁杰克·韦尔奇认为，决策能力是一个人"面对困难处境勇于作出果断决定的能力"，是一个人"始终如一执行的能力"。它需要我们在日常生活中对自己的分析能力、创新能力、意志力等方面进行不断的训练，在不断的尝试与训练中，我们才能逐渐根除犹豫不决的顽疾，进行理性的选择，迅速准确地作出决断。

时代在前进，我们面对抉择，需要果断决绝，不要总是犹豫不决，殊不知，在等待和迟延的过程中，我们往往损失了更多。决断力对一个人的成败有着至关重要的影响，正像一位智者所说的："使一个人形成果断决策的个性，是生命成长中道德和意志训练方面最重要的工作。"你有决断力吗？

世上没有不劳而获的美事

现在睡觉的话，会做梦；而现在学习的话，会让梦实现。

我无所事事地度过了今天，是昨天死去的人们所期望的明天。

学习不是人生的全部，但学习都征服不了，那你还能做什么？

今天不想走，明天就要跑了。

此刻睡觉的口水将变成明天流下的泪水。

——哈佛大学图书馆馆训

有一个穷困的人天天在地里劳作，有一天他忽然想："我每天这么辛苦，勉强混口饭吃。我要是拜拜财神爷，请他赐我财富，我不是就衣食无忧了？"他越想越美，便把田地的事情交给弟弟，告诉弟弟播种浇灌。他自己则来到了庙里，大摆斋宴，日夜祭拜。嘴里还念念有词："财神爷，请赐予我财富吧！"

财神听了，暗自思量："这个懒家伙，自己不干活儿，还想要财富！哼！"可是转念一想，自己也有义务点化他一下。

于是，财神摇身一变，变成他弟弟的模样，跪在他的身边，跟他一样祷告。

这人看见弟弟，很是生气："马上播种的季节了，你不在地里播种，来这里干吗？来年家里人吃什么啊？"

弟弟说："我跟你一样也是来求神的啊，即使我不播种，只要我求神，他就会将种子播在我的地里，来年就等着丰收了。"

哥哥听了，更生气了："你真是疯了，不播种就想有好收成，简直白日做梦！"

第五章 天生我材必有用

弟弟听了,故意听不见:"你说什么?"

"我说你不播种就想要果实,你真是异想天开!"

财神变回原形,对哥哥说:"诚如你自己所说,没有播种哪来的收获?"

一分耕耘一分收获,没有辛勤的播种,哪会有成功的果实?求天拜神,不如靠自己。幸福是自己争取的,是自己用努力换得的。以自己的智慧和勤奋换来的成功,哪怕是一点儿的成绩,自己也会充满幸福感和充实感,这样的成功也才会长远。

很久以前,有一位国王,勤政爱民,在其在位期间,人民生活富足。国王年龄越来越大,他想:"我死后,国家还会如此安定、我的子民生活还能如此富裕幸福吗?"于是,国王便召集所有有识之士,请他们出谋划策。

几个月过去,这些人将三本厚厚的帛书呈献给国王,对国王说:"尊敬的国王陛下,这三本书汇集了天下的所有知识,只要人们读完这三本书,他们就能衣食无忧了。"国王不甚满意,"天下之人哪会用那么多时间来看书?"便令这帮人再去钻研。

又几个月过去了,学者们再次面见国王:"尊敬的国王陛

下，我们将三本帛书的精华汇聚在了一本之上，只要人民用心看完这一本书，他们便能生活无忧了。"国王依然不满意。

学者们继续钻研。又几个月后，学者们将一张纸交给国王。国王看后连连点头："非常好，只要我的子民奉行如此之道，他们的生活一定会富裕而幸福。"

大臣们都很奇怪，想看看是如何的智慧之言让人们可以长久地生活得富足幸福！国王令大臣一一细阅，大臣们见那纸上只清晰地写了一句话："天下没有不劳而获的东西。"

天下没有不劳而获的东西，只要每个人能清醒地认识到这一点，都依靠自己的努力去获取自己想要的东西，那么哪一个人的人生还会虚度呢？

很多人都想快速富有，拥有财富，拥有地位，却不知成就是要努力来换的。你总是怀着投资取巧、希望能够不劳而获的心态做事，如何能全心全意、全力以赴呢？花时间在那些幻想上，哪如脚踏实地，老老实实努力来得实在，来得安心？不劳而获的心态不仅不能帮助你致富，还会成为你致富成功的绊脚石，使你不愿意前进，甘愿困于自己思维的牢笼中。

世上没有不劳而获的美事。

第五章　天生我材必有用

有些人会说，你看那些有名的金融家，住别墅，开豪车，拥有年轻貌美的情妇，他们的财富不是一夜之间来的吗？

还有些人会说，看看现在的演员、模特，整天灯红酒绿，出演一部作品，几百万，T台上走一遭足够我们几年的生活费用，这些人不也是迅速走红，拥有财富的吗？

你有看到金融家处理棘手事情的时候吗，你有看到演员们为演好一个角色超越内在和外在的多少障碍，才能成功的吗？

不管什么事情，投入了，用心了，才会有成果！不要只盯住那些人表面的光彩，你知道那些光彩照人的背后，有着多少努力和汗水，有着多少个日夜全身心的投入？

如有些人所说，他们富有了，便想不劳而获，只知道享乐游玩了，那他们当前拥有的财富恐怕不久便会被挥霍一空，这些人也将一无所有了，财富、光环……所有的一切一切都将离他们远去。

很早以前，有几头家猪渴望自由，趁主人不备便逃到了附近的山中。经过一代又一代的繁衍，这些猪变得勇猛而凶悍，攻击性极强。他们经常到田地中觅食，"扫荡"谷粒。有时候甚至到村中将村民们晒的粮食掠走。很多经验丰富的猎人想要抓获他们，却从来没人成功。

有天，一个老人路过这个村子，听说了这件事情，便告诉村民可以帮助他们捕获这些野猪。村民们有的嘲笑老人自不量力，认为猎人都无法做到的事情，一个体弱的老人何以做得？有的人担心老人的安危，告诫老人不要轻易去招惹那些猪，以免遭攻击。

老人听了那些人的话，笑笑就走了。

三个月过后，老人回到这个村庄，告诉人们不用再担心野猪的侵扰了。因为它们已经被关在山顶的围栏里了。

起初人们还不相信，觉得老人说大话，于是便去看个究竟。让他们惊奇的是，正如老人所讲，那些野猪统统被围困住了，它们在围栏里慵懒地吃着谷粒。

有人便询问老人捉猪的秘诀，老人笑笑说："很简单，第一步，我到这些野猪经常出没的地方，放一些谷粒当诱饵。开始的时候，这些猪很警惕，尽管看着眼馋，却没有一只靠近的。但是几天过去，见没有动静，它们警惕性就放松了，慢慢过来将那些诱饵吃了。第一步成功。第二步，它们将诱饵吃完的第二天，我又多放了一些诱饵在原来的地方，并在不远

第五章　天生我材必有用

的地方竖起了一块木板。几天的时间它们没有动，那木板吓着了他们。但是看得出它们仍然念念不忘，为什么，白得的食物有吸引力啊！果然没几天，它们便过来吃了。第二步成功。我已经有把握抓住它们了，但是这些可怜的野猪并不知道。自此之后，我每天要做的就是在诱饵旁边多钉一块厚厚的木板。我每订一块木板，它们就会远离一阵子，然而，又会再回来。因为"免费的午餐"在那等着它们。终于有天，围栏做好了，同时，陷阱的门也准备好了，不劳而获的惯性使得这些野猪已经丝毫没有了戒备心，毫无顾忌地走进去吃那"白吃的午餐"，于是，我很容易就把它们捕捉了。"

天下没有免费的午餐。即使你能一时不劳而获，这获得也难免会不得长久，到头来仍然双手空空。不劳而获的心态会一步步腐蚀我们的心灵，摧毁我们的激情，蒙蔽我们的双眼，如那些野猪般，消磨掉我们当初的斗志和棱角。

面对工作，有人说，我想找一份又清闲工资又高的；面对生活，有人说，我想过上富裕的生活自己又别太辛苦；面对爱人的选择，有人说，我想找一个有钱的、人品好、对我又好的……天下的美事莫非都让你占了去，典型的不劳而获的心

态，要不得！

　　成功是一个积累的过程，今天取得的成就是因为昨天的积累，要想在明天取得成功则需要今天的努力，将自己的热情、智慧、勤奋和不懈努力，融入我们每天的奋斗中。摒弃不劳而获的心态，用我们的智慧和努力赢得属于我们自己的成功，迎接自己美好的明天！

做百折不挠的灰太狼

随着《喜洋洋与灰太狼》的热播，"嫁人就嫁灰太狼"的诙谐语言也随之在人们之间流传开来！灰太狼可谓一时声名远扬！

灰太狼是什么人物？青青草原的一只狼，自称有着贵族血统，虽然它的缺点不少，轻浮，不守信用，但在它的身上也有着诸多人们所欣赏的优点：爱老婆、聪明、乐观、自信、幽默，有着百折不挠的抓羊精神！"亲爱的小肥羊们，我灰太狼大王又回来啦！"这可算是它百折不挠的最好写照了！

可爱的灰太狼先生每次抓羊之前都是精密部署，信心满满地前去抓羊，可是它的抓羊吃羊计划总是被破坏，中间总是有意外发生，不是没有抓到，就是到手的羊逃跑了，可是它从来没有放弃过。可谓屡战屡败，却坚忍不拔、永不言败。

不达目的，誓不罢休！这就是可爱的灰太狼精神！

问问自己："这样的精神我有吗？"

有人说，灰太狼有什么好的，一辈子都没吃上羊？我想，你错了，现实中如若真有如此这般的灰太狼，它的小羊定会早早地就到了它的腹中，而再不用挨平底锅拍了。

青藏实业集团董事长刘云强小的时候患有严重的口吃，读篇一百多字的文章也要花上半个多小时的时间，而且非常怯生，在公共场合讲一句话常常就脸憋得通红。那时候，他非常难过。后来，父亲给他找了一位做电视播音员的老师，教他学说话。他每天艰苦地练习，一个字一个字地重复着那些简单枯燥的句子。可是，一个多月过去，他的口吃并没有好转。他有过片刻的气馁，也有一时气不过想到放弃的时候，可是这些想法随即抛却脑后，他想："人生怎能遇到这一点儿困难，就放弃呢？我一定要攻克难关，迎来一个崭新的自己！我一定可以把困难打败！"就这样，他坚持每天十几个小时练习，一年以后，他不仅克服了口吃的毛病，而且说话镇定自如，妙语连珠。这样巨大的转变令所有人都吃惊。而只有他自己知道，他越过了自己内心的多少个难关！

"从那时起，我就认为无论做什么事情，只要持之以恒地努力，就没有做不好的，甚至觉得不可能的事努力了也会实现。"

第五章　天生我材必有用

12岁的时候，刘云强就自己去当地的工厂打工，小小年纪，不怕吃苦，也从不喊累。他自己的座右铭就是"在困难面前不低头，迎着上！"

1997年，刘云强在湖南衡阳开了家杂货店，每年有几万的收入，这样的利润在当时的小镇已经非常不错了。可是，两年后，他却毅然关掉自己的门店，去湘潭一家羊毛衫店打工。家里人和身边人都非常不解，可刘云强有他自己的想法：他要开阔自己的眼界，去大的企业取取经，他要练就自己做大事业的本领。

后来，当有人问到他成功的诀窍时，刘云强给出的答案是：我认定的事情，哪怕再困难也要做到底！正是这种百折不挠的韧劲支撑他一路向前！

在湘潭的羊毛店半年多的时间里，他熟知了服装店的操作流程，了解了哪些产品会适合当地市场，摸清了羊毛衫的进货渠道、价格以及利润。在之后的2000年，他便开始自己创业。

没有资金，便和亲戚朋友借，东拼西凑，还是不够，便找合伙人一起做。终于，店面装修好了。此时，刘云强的口袋里

只剩下200元流动资金。"如果羊毛衫卖不出去，我连吃饭的钱都没有。"刘云强说，"我就是这样的人，认准的事情就要做，哪怕遇到再大的难题。"

眼看小店走入正轨，他却突然接到业主拍卖店面的通知，刘云强不服，和业主打起了官司。那段时间，可以说是他人生最艰难的时候。但是，他坚强地挺了过来。

之后，刘云强生意慢慢好起来，他不断地投入，开连锁店，又将批发和零售结合起来。他的目标是做大自己的事业，打造自己的品牌。2005年，刘云强注册了"青藏绒"这个品牌商标。

如今，青藏绒已成为年产量几百万件的中国知名品牌和中国驰名商标，刘云强获得了成功。

坚持不懈，百折不挠，"认准的事情就要做，哪怕遇到再大的难题"，正是这样的精神造就了企业家。

我们可能出身贫寒，没有深厚的背景；我们可能还年轻，没有过人的资历和太多的经验。然而，只要我们点燃自己的热情，认准自己的目标，持之以恒、百折不挠地去努力、去拼搏，就能为自己创造更多的机会，迎来自己人生的春天。

第五章 天生我材必有用

在困难和挫折面前，我们不能畏惧，更不要逃避，而要勇敢地挑战。无论面对任何事情，只要我们勇往直前，不畏艰险，终会有所收获。

你看，灰太狼先生对捕羊这一目标从来没有放弃过，尽管它经历一次又一次的失败，面临一次又一次小羊们的捉弄，但在每次它的计划破产后，不仅没有沮丧，反而总能想出更多大胆而富有创意的捕羊新招，研制隐形药水、发明捕羊机械万能摧毁机等。如果我们每个人都能有灰太狼大王百折不挠、愈挫愈勇的精神，我想没有什么事情是不能完成的。

有一个人做生意老是失败，便去求教智者："老先生，请问，如何才能成功呢？"

智者看看他，微微一笑，没有说什么，只递给他一颗花生，说："用力捏捏它。"

那人用力一捏，花生壳碎了，花生仁便露了出来。

"再搓搓它。"智者说。

那人又照着做了，只见花生仁红色的种皮被搓掉了，只剩下白白的果实。

"再用手捏捏它。"智者继续说道。

那人使劲捏着，却无论如何也没把花生损坏。

"再用手搓搓它。"智者接着说。

当然，什么也搓不下来。

"虽然屡遭挫折，却有一颗坚强的百折不挠的心，这就是成功的秘密。"智者说。

孟子曰："天将降大任于斯人也，必先苦其心志，劳其筋骨，饿其体肤，空乏其身，行拂乱其所为，所以动心忍性，增益其所不能。"身处逆境之中，面对挫折和失败之时，我们一定要有一颗坚强的心来面对，要知道，这只是我们前进路途中的一部分，经历了这些艰难困苦，我们自身的性情、智慧和能力才能得到磨炼和提升，我们才有资本去创造我们的成功，打造美好的未来。

在挫折和失败面前，学学灰太狼吧，坚忍不拔，百折不挠，以坚忍的意志面对困难和失败，永不退缩，一直向着自己的目标奋进，永远高喊着"小羊们，我灰太狼大王一定会回来的""亲爱的小羊们，我灰太狼大王又回来了"！